化妆品安全性评价方法及实例

主编　王钢力　邢书霞
主审　张宏伟　林庆斌

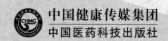
中国健康传媒集团
中国医药科技出版社

内 容 提 要

为了配合国家相关单位对化妆品科学监管的要求，完善我国化妆品安全性评价体系，规范化妆品行业正确开展风险评估工作，保障消费者健康与安全，本书邀请国内监管及安全评价领域的专家，共同编写完成。本书系统地介绍了化妆品安全性评价的要求、程序和方法，同时邀请国内外的行业专家提供了多种产品类型的安全性评价实例，以加深化妆品监管人员及行业从业人员对安全性评价的理解。本书内容翔实、理念先进，兼具实用性和指导性，是一本极具参考价值的专业书籍。

图书在版编目（CIP）数据

化妆品安全性评价方法及实例 / 王钢力，邢书霞主编 .—北京：中国医药科技出版社，2020.3

ISBN 978-7-5214-1586-5

Ⅰ . ①化… Ⅱ . ①王… Ⅲ . ①化妆品 – 安全评价 Ⅳ . ① TQ658

中国版本图书馆 CIP 数据核字 (2020) 第 026955 号

美术编辑　陈君杞
版式设计　友全图文

出版　**中国健康传媒集团** | 中国医药科技出版社
地址　北京市海淀区文慧园北路甲 22 号
邮编　100082
电话　发行：010-62227427　邮购：010-62236938
网址　www.cmstp.com
规格　710 × 1000mm $^1/_{16}$
印张　15
字数　254 千字
版次　2020 年 3 月第 1 版
印次　2020 年 3 月第 1 次印刷
印刷　三河市万龙印装有限公司
经销　全国各地新华书店
书号　ISBN 978-7-5214-1586-5
定价　**48.00 元**

获取新书信息、投稿、为图书纠错，请扫码联系我们。

编委会

随着社会经济的不断进步和人民生活水平的日益提高，化妆品已从最初的奢侈品逐渐成为日常生活必需品。特别是自1989年《化妆品卫生监督条例》发布以来，该行业在我国蓬勃发展三十年。目前，我国已成长为全球第二大化妆品市场，呈现出一派欣欣向荣的景象。随着科技进步和行业发展，消费者对于产品的质量安全提出了更高要求。

如何紧随化妆品领域监管科学的快速发展，评价化妆品的安全性，评估可能潜在的风险，对化妆品监管工作者提出了很大的挑战。在欧美等发达国家和地区，化妆品安全性评价已经经历了相当一段时期的发展，其监管理念和评价方法相对较为成熟，特别是一些理论基础、技术标准和技术手段等，值得我国进一步借鉴学习。

正是在这样的背景下，近年来，中国食品药品检定研究院与部分国内外化妆品相关机构共同致力于推动化妆品安全性评价理念在我国的普及和应用。自2014年起，联合美国体外科学研究院多次举办化妆品动物替代试验培训和研讨会；自2015年起，联合英国内政部、欧洲化妆品协会、欧盟商会多次举办化妆品安全评估培训；更与多家权威机构共同发起成立我国的化妆品替代方法验证中心。

为了提高我国化妆品安全性评价标准，引领行业科学开展风险评估，本书组织国内化妆品监管技术领域专家，系统地介绍了化妆品安全性评价的要求、程序和方法；同时提供了安全性评价的实际案例，旨在加深读者对于安全性评价的认识和理解，指导开展监管工作。

最后，希望本书能够为化妆品研发、生产、监管的从业人员提供技术参考，为科研、教学人员提供最新的技术方法和发展趋势。

2019 年 11 月 18 日

前言

爱美之心，古已有之。在绚丽多彩的现代生活中，化妆品作为美丽产品，已成为人们生活的必需品。目前，随着国民经济的快速发展，我国已发展为全球第二大化妆品消费市场。由于化妆品使用人群广泛、使用频率高、暴露时间持久，与人体健康关系密切，因此，化妆品的安全性也越来越受到广大消费者的关注。如何确保化妆品使用安全，保护消费者健康权益，既是化妆品监管部门的职责，也是化妆品企业的首要责任。

化妆品在正常、可预见的使用条件下，不得对人体健康产生任何危害，已经成为全球化妆品监管法规的共识。对化妆品的安全评价，曾普遍采取基于终产品毒理学评价的方式。随着科学技术的发展和监管理念的改变，欧盟率先将风险评估的方法引入到化妆品的安全性评价中，通过危害识别、剂量－反应关系、暴露评估和风险特征描述等步骤开展风险评估，并以风险评估替代传统的基于动物模型的毒理学试验。然而风险评估并不是照着法规文件进行资料的拼凑，是需要专业的安全风险评估员，根据产品及原料的性质特点，综合分析在合理、可预见的使用条件下，原料及产品是否会对消费者健康产生危害。

2015年，原国家食品药品监督管理总局对《化妆品安全风险评估指南》公开征求意见，引起社会广泛关注，收到了各界反馈的意见，在对反馈意见进行梳理和研究分析的基础上，为了规范和指导行业正确开展化妆品安全性评价工作，化妆品标准专家委员会秘书处邀请了化妆品监管和标准相关的专家，共同撰写了本书，同时邀请了行业内具有风险评估经验的代表企业，提供了风险评估产品和原料的实例。

本书共分三篇，第一篇系统地介绍了化妆品安全性评价的背景和现状；第二篇介绍了化妆品安全性评价的程序和方法；第三篇列举了常见的化妆品产品及原料的评估实例。笔者希望本书可以同时兼顾理论和实践，深入浅出地介绍国内外化妆品安全性评价的要求和方法，为化妆品监管、检验和行业相关人员提供帮助。

由于科学技术日新月异，新的生物技术和风险评估理念都在不断完善，因此本书仍有一些不足之处，望同行批评指正。希望本书可以成为行业内一部实用的工具书，为提升我国化妆品安全性评价水平和能力发挥积极作用。

编　者
2019年11月

目录

第一篇
化妆品安全性评价概论

第一章 化妆品安全性评价背景与现状

回顾化妆品的历史，早期由于科学认识水平和安全评价能力的不足，化妆品的安全性并未得到应有的重视，而是在经历了一系列较为严重的安全事件后方才逐步被世界各国普遍关注。化妆品的本质属性是为了让人们更加美丽，使生活更加美好，其消费群体是健康人群，因此这样的产品特性决定了对化妆品安全性更加严苛的要求，即对安全风险"零容忍"。化妆品"在正常、可预见的使用条件下，不得对人体健康产生任何危害"，已经成为世界各国化妆品法规的首要原则。这就要求化妆品在上市前，必须经过十分严谨的安全性评价程序，确认产品的安全性后方可投放市场。

第一节 化妆品安全性评价的发展历史

一、化妆品的使用历史及其安全性问题

化妆品的使用可谓历史悠久。据史料记载和考古发现，中国妇女早在战国时期就开始使用妆粉进行妆容修饰。最古老的妆粉有两种成分，一种是以米粉研碎制成，另一种妆粉是将白铅化成糊状的面脂，俗称"胡粉"，因它是化铅而成，所以又叫"铅华"，也有称"铅粉"的。两种妆粉都是用来敷面，使皮肤保持光洁。除了单纯的米粉、铅粉以外，中国古代妇女的妆粉还有不少式样。如在魏晋南北朝时期，宫人段巧笑以米粉、"胡粉"掺入葵花子汁，合成"紫粉"。唐代宫中以细粟米制成"迎蝶粉"。在宋代，则有以石膏、滑石、蚌粉、蜡脂、壳麝及益母草等材料调和而成的"玉女桃花粉"。在明代则有用白色茉莉花提炼而成的"珍珠粉"以及用玉簪花合"胡粉"制成玉簪之状的"玉簪粉"。清代有以珍珠加工而成的"珠粉"以及用滑石等细石研磨而成的"石粉"等。还有以产地出名的，如浙江的"杭州粉"（官粉），荆州的"范阳粉"，河北的"淀粉"，桂林的"桂粉"等。粉的颜色也由原来的白色增加为多种颜色，并掺入了各种名贵香料，使其具有更迷人的魅力。

在一些文学典故中，关于中国古代妇女使用"化妆品"进行饰面的描述也是比比皆是。如"芳泽无加，铅华弗御"（三国·曹植《洛神赋》）；"铅华潜惊曙，

机杼暗传秋"（唐·卢纶《七夕》）；"北客相逢疑姓秦，铅花抛却仍青春"（唐·刘长卿《戏赠干越尼子歌》）；"一女子可二十许岁，粉黛铅华，如新傅者"（宋·洪迈《夷坚乙志·余杭宗女》）；"小屏山色远，妆薄铅华浅"（清·纳兰性德《菩萨蛮》）。

由于制作工艺复杂，原料来源珍贵，造成了"化妆品"并非普通百姓可以消费的产品，而是一直被视为奢侈品，只有在宫廷或上流社会的富贵人群才可以使用。然而，由于人们缺乏对古代"化妆品"安全性的认识，其原料带入的安全性风险物质产生的危害也是如影随形。如"铅粉"中的铅等重金属，一些植物原料中含有的致敏原物质等。这些一定程度上对使用者造成了较大的伤害。

随着近代工业化革命的兴起，化妆品逐渐实现了工业化生产。自19世纪后期开始，一些国家的化妆品工厂开始生产以香水、香粉、爽身粉、冷霜等为代表的产品，为消费者的生活带来了极大的改善，开启了现代化妆品工业化的先河。同时，科学技术和人们对美丽生活品质追求的不断提高，也使得化妆品行业得到了创新发展。化妆品不再被视为奢侈品的代名词，逐渐走入寻常百姓的日常生活中。然而，化妆品使用的普及也带来了一系列的安全性问题，化妆品的安全性得到了越来越多的重视。

二、化妆品安全事件引起人们对安全性的重视

从世界范围看，在过去的一个多世纪中，伴随着化妆品行业的快速发展，许多国家和地区都发生了多起消费者化妆品使用导致的较为严重的安全性问题，有的甚至引发了群体性人身伤亡事件。这些安全事件给人们带来了惨痛的教训，也推动了世界各国化妆品安全监管的加强和相关法规的颁布实施。

美国在1938年联邦《食品药品和化妆品法案》（FD&C Act，以下简称法案）颁布之前，市售化妆品引发的多起安全事件一定程度上推动了化妆品监管力度的加强。例如，化妆品造成的死亡、失明，另外还有很多人因使用一款眼睫毛染色产品出现过敏反应。法案第一次将化妆品纳入美国食品药品管理局（FDA）的监管范围之内，并规定化妆品不得掺假伪劣，不得错误标注，产品按照预期用途使用必须是安全的。法案加强了对色素添加剂的管理，建立了色素清单，对每种色素的化妆品成分规格做出了规定。

1972年，法国有32名婴儿因为使用了含有高浓度六氯双酚的爽身粉后死亡。这起严重的伤亡事件推动了欧盟《化妆品指令》于1976年的颁布实施。该指令并于2009年被修订为《化妆品法规》在所有欧盟成员国实施。

日本明治年间，化妆品中使用铅而导致中毒事件，引发了社会问题，使得用

于化妆品的铅白在明治34年（1901年）被禁止使用，而明治33年（1900年）日本已经对着色剂进行了规定。

这些不良事件的发生，直接引起了各国政府对化妆品监管的重视，并在世界范围内逐步建立了化妆品监管体制和基本安全管理要求。这些规定成为了现代化妆品法规管理的基石。

三、化妆品安全性评价的发展和完善

化妆品安全性评价的目标是确保消费者的使用安全。我国传统的化妆品安全评价方式主要基于终产品的毒理学试验，即通过对终产品的相关毒理学试验项目的测试结果来判断产品的安全性。大多基于整体动物模型的试验，其科学性和必要性一直遭到质疑。

随着科学技术的发展，作为化妆品安全性评价的传统毒理学试验正面临着众多的质疑和挑战。首先，完成一种化学物质的全部试验不仅需要大量的实验动物、较长的试验周期，而且动物饲养所需环境设施、营养供给、动物福利要求等，耗资巨大；其次，通常测定单一化学物质，与实际接触多为复合性物质的情形相比，预测准确性时常受到科学界严峻的质疑。由此逐渐暴露出来的传统毒理学试验的缺点和局限性，促使人们不断从科学角度、伦理角度、经济角度考虑，需要更多的研究来改进毒理学各个方面的试验设计和效果。

近几十年来，基于安全风险评估的安全性评价技术的不断发展，各国相关技术法规和指南也在不断更新和完善。1954年，美国食品药品管理局（FDA）的两名毒理学家，Lehman和Fitzhugh公开发表了一篇关于定量风险评估（QRA）的文章，该文章不仅描述了定义每日允许摄入量（ADI）的方法，而且也描述了安全边界值的使用和应用情况，以及动物数据如何应用。1983年美国国家研究委员会（National Research Council，NRC）的一项重要报告中提出了风险评估过程的四个关键要素分别为危害识别、剂量-反应分析、暴露评价和风险特征描述。对于广泛而多样的产品类型，产品范围从药品到杀虫剂，再到化妆品和其他消费品，国际同行均使用了类似的模式。

1959年英国动物学家William Russell和微生物学家Rex Burch在《人性动物实验技术原则》一书中提出："正确的科学实验设计应考虑到动物的权益，尽可能减少动物用量，优化完善实验程序或使用其他手段和材料替代动物实验"。这是3R原则的首次提出，3R即减少、优化和替代（Reduction、Refinement、Replacement）的简称。

为推动化妆品毒理学安全性评价领域动物实验替代方法的研究与应用，欧盟、美国、日本等主要发达国家和地区不但成立了研究组织和管理机构，投入

大量经费支持相关技术研究，而且从法律法规的角度颁布实施了强制性的技术要求。

1998年欧盟做出规定，提出"2002年后禁止使用动物对化妆品中产品进行安全性检测"，并将之列入世界贸易组织双边协议的条款。欧盟于2009年开始实施禁止动物实验的法规要求，并于2013年3月11日起，全面禁止含有经过动物测试成分的化妆品上市销售。随后，俄罗斯、挪威、瑞士、巴西、印度、澳大利亚、新西兰、土耳其、以色列、韩国、阿根廷、越南等国家，也开始逐步推动动物实验禁令。

目前，欧盟、日本、东盟等国家和地区发布了《化妆品安全性评价指南》，其成为指导化妆品生产商进行化妆品原料评估及化妆品成品评价的参考。

第二节　化妆品定义及分类

各个国家和地区对于化妆品的定义和分类不同，相应的监管模式和思路也不同。尤其是一些"跨界"的化妆品，可能在某一个国家（地区）作为化妆品管理，而在其他国家（地区）被归类为药品或其他产品。所以，在讨论不同化妆品管理模式时，不能简单地将其判断为"严格"或"宽松"，而应当结合该国（地区）化妆品的定义、内涵及行业特点。相应的，在对化妆品安全性评价时，也不只要考虑原料及产品在科学上的安全，首先要考虑产品在当地是否属于"化妆品"进行管理。由于化妆品法规监管体系的不同，存在某些产品在国外属于化妆品而在我国不属于化妆品，或在我国属于化妆品而在国外不属于化妆品。对不同国家化妆品定义进行横向比较，便于我们理解同一类产品在不同国家的法规管理模式和归属，从而理解其安全性评价的手段和管理模式。

一、中国法规中"化妆品"的定义及分类

1.中国化妆品的定义

在1989年颁布的《化妆品卫生监督条例》中，化妆品的定义为"以涂擦、喷洒或者其他类似的方法，散布于人体表面任何部位（皮肤、毛发、指甲、口唇等），以达到清洁、消除不良气味、护肤、美容和修饰目的的日用化学工业产品"。该定义主要包含了三个要素：使用方法、使用部位和使用目的。在该定义下，我国化妆品的范畴并不包括牙膏等作用于牙齿和口腔黏膜的产品、外生殖器清洁护理产品等。

因此，我们在判断一个产品是否属于化妆品时，也主要从"方法、部位、目

的"这三个方面考虑。从使用方法来看，以口服、注射等方式达到美容目的的产品不属于化妆品范畴；从使用部位来看，牙齿、口腔黏膜、阴道等不属于"人体表面任何部位"的范围内；从化妆品的功能和使用目的来看，不具有预防和治疗疾病的功能，因此我国并不存在"药妆"的概念；最后化妆品属于日用化学工业产品的范畴，排除了一些装饰品（如假指甲、假睫毛）等。

随着社会的进步和化妆品产业飞速的发展，化妆品界也会不断涌现出一些创新概念和边缘产品，例如门店定制服务，宣称防晒驱蚊的产品等，也为监管和安全性评价带来新的挑战和思考。

2.中国化妆品的分类

化妆品的种类繁多，目前国际上并没有统一的分类方法。根据我国国情以及监管需求，《化妆品卫生监督条例》将化妆品分为特殊用途化妆品和非特殊用途化妆品两大类。

《化妆品卫生监督条例》第十条规定，"特殊用途化妆品是指用于育发、染发、烫发、脱毛、美乳、健美、除臭、祛斑、防晒的化妆品"。这九种特殊用途化妆品之外的化妆品均属于非特殊用途化妆品范畴。在《化妆品卫生监督条例实施细则》第五十六条中，又进一步对九种特殊用途化妆品的含义进行了说明界定，具体含义如下。

（1）育发化妆品　　有助于毛发生长、减少脱发和断发的化妆品。

（2）染发化妆品　　具有改变头发颜色作用的化妆品。

（3）烫发化妆品　　具有改变头发弯曲度，并维持相对稳定的化妆品。

（4）脱毛化妆品　　具有减少、消除体毛作用的化妆品。

（5）美乳化妆品　　有助于乳房健美的化妆品。

（6）健美化妆品　　有助于使体形健美的化妆品。

（7）除臭化妆品　　有助于消除腋臭的化妆品。

（8）祛斑化妆品　　用于减轻皮肤表皮色素沉着的化妆品。

（9）防晒化妆品　　具有吸收紫外线作用、减轻因日晒引起皮肤损伤功能的化妆品。

此外，因市场上大部分宣称有助于皮肤美白增白的化妆品与宣称用于减轻皮肤表皮色素沉着的化妆品作用机理一致，为控制美白化妆品的安全风险，原国家食品药品监督管理总局于2013年12月发布了《关于调整化妆品注册备案管理有关事宜的通告》（2013年第10号），明确将美白化妆品纳入祛斑类化妆品管理。2014年4月，原国家食品药品监督管理总局又发布《关于进一步明确化妆品注册备案有关执行问题的函》（食药监药化管便函〔2014〕70号），其中对于美白化妆品的注册管理相关工作进行了详细规定，主要包括美白化妆品的范围界定、功效宣称管理以及注册申报程序等。

在《化妆品卫生监督条例》中，并没有对特殊用途化妆品以及非特殊用途化妆品进行进一步的细分。为行政许可检验的需要，2010年2月，原国家食品药品监督管理局发布了《化妆品行政许可检验管理办法》（国食药监许〔2010〕82号），为方便对不同产品检验项目等的管理，将非特殊用途化妆品分为发用品、护肤品、彩妆品、指（趾）甲用品和芳香品等五大类。此外，为便于化妆品生产许可的管理，原国家质量技术监督局还将化妆品分为了六个单元，即一般液态单元、膏霜乳液单元、粉单元、气雾剂及有机溶剂单元、蜡基单元和其他单元，根据产品特性又将前四个单元分为了护发清洁类、护肤水类、染烫发类等十个小类。但需注意的是，这个分类方法一般仅用于化妆品生产许可上，并且自2006年起，原国家质量技术监督总局开始将牙膏单独作为一类产品实施生产许可管理。

2015年12月，原国家食品药品监督管理总局发布《化妆品生产许可工作规范》，以生产工艺和成品状态为主要划分依据，将化妆品划分为七个单元，共对应15个类别。

（1）一般液态单元，包括护发清洁类、护肤水类、染烫发类、啫喱类。

（2）膏霜乳液单元，包括护肤清洁类、护发类、染烫发类。

（3）粉单元，包括散粉类、块状粉类、染发类、浴盐类。

（4）气雾剂及有机溶剂单元，包括气雾剂类、有机溶剂类。

（5）蜡基单元，包括蜡基类。

（6）牙膏单元，包括牙膏类。

（7）其他单元。

虽然《化妆品生产许可工作规范》中包括了"牙膏单元"，但基本是对原国家质量技术监督总局生产许可相关工作的延续。按照1989年颁布的《化妆品卫生监督条例》中对于化妆品的定义，牙膏等作用于牙齿和口腔黏膜的产品，并不属于化妆品。

二、我国化妆品与其他国家化妆品的定义及分类比较

1.化妆品的分界及层级管理

比较世界主要国家和地区相关法规中对于化妆品的定义，基本包括了使用部位、使用方法、使用目的等要素。除个别国家和地区的特殊规定外，化妆品的作用部位一般为人体表面，其目的主要包括清洁、美化、芳香、增添魅力等，作用一般较为舒缓，往往采用涂抹、喷洒等方式施用于人体。化妆品定义的这些共同

特征，是由化妆品的定位所决定的——适用于健康、正常人群，主要起到美化作用，这一点与药品的预防、治疗作用有着本质区别。因此，对于化妆品而言，应尽量避免或减少可能引起的机体损伤，作用方式也不可过于强烈，在监管方面优先考虑控制安全风险；而药品一般是以预防或治疗疾病为目的，需有明确的药理机制，作用方式也相对较为直接、激烈，往往可以采用口服、注射、植入等途径，并且允许一定的药物副作用，对于药效和安全风险进行综合考虑。

此外，化妆品的定义还体现出其"产品属性"的重要性。化妆品种类繁多，且使用目的、产品形态、使用方法等五花八门，产品特色突出而鲜明。判断一类产品是否属于"化妆品"、是否作为"化妆品"进行管理，往往需要基于产品的具体特征。并且，在定义的基础上，通过对具体产品的举例和分类，也能够进一步明确法规定义下化妆品的具体范围。

对于大部分产品而言，能够明确被归入化妆品、药品、其他类别的管理范畴，但仍有部分产品因使用目的、安全风险等原因，处于两者的边缘。针对这种情况，不同的国家和地区采取了不同的管理方式，例如发布相关的产品分类指导原则，或在医药品之外增加一种产品分类进行过渡（例如日本的医药部外品、韩国的医药外品）等。此外，单就化妆品而言，不同的产品也存在着不同的安全风险及监管重点，因此，部分国家（地区）还进一步对化妆品进行了分类。化妆品及相关产品的主要分类管理情况如下。

中国：根据《化妆品卫生监督条例》，化妆品进一步分为特殊用途化妆品、非特殊用途化妆品。

欧盟：对于一些介于化妆品和药品之间的"边缘产品"，可在官方指南的帮助下针对个案进行分析。

美国：防晒产品、防龋产品、去屑产品等在美国作为OTC药品进行管理，此外，如果产品符合药品和化妆品的全部规程，则应同时作为药品和化妆品进行管理。

日本：除化妆品外，还存在医药部外品的概念，且医药部外品中有一类产品被俗称为"药用化妆品"。

韩国：化妆品中有一类产品为"机能性化妆品"，此外还存在医药外品的概念。

加拿大：有一类"介于化妆品和药品之间的产品（PCDIs）"，可包括药品、天然健康产品、化妆品等，根据卫生部的指南文件进行分类，并应符合相对应的法规要求。

中国台湾地区：化妆品分为两类进行管理，一类为含有医疗或毒剧药品的化妆品（一般简称"含药化妆品"），另一类为未含有医疗或毒剧药品的化妆品。

2.具有一定功效化妆品的分类

一般认为，化妆品主要用于清洁、美化、消除不良体味等，但具体而言，化妆品所涉及的产品用途和功效十分广泛，且其中部分产品的功效具有一定的针对性，强调一定的作用机制。一方面，为实现特定的使用目的，往往需要在产品配方中添加一些功效成分，而这些原料组分往往具有相对较高的安全风险；另一方面，这些产品强调功效，对于所宣称的功效应有所保证，以达到预期的使用效果，尤其对于防晒等产品，防晒功能的缺失可能直接导致消费者机体损伤。因此，对于部分具有一定功效的化妆品而言，产品整体具有相对较高的安全风险，需要特别的监督、指导和关注。各国（地区）出于对消费者使用习惯的考虑以及各自的监管需求，对其采取了不同的监管措施，其中非常重要的一项便是分类管理。因此，在表1-1中，对部分具有一定功效的化妆品在不同国家和地区的分类管理情况进行了比较。

表1-1　几种功效化妆品在不同国家和地区的分类比较

功效	中国	欧盟	美国	日本	韩国	加拿大	中国台湾
育发	特殊用途化妆品	药品/化妆品（依据产品宣称）	NDA药品（生发及防脱发）	医药部外品	医药外品	药品	药品
染发	特殊用途化妆品	化妆品	化妆品	医药部外品	化妆品（暂时性染发产品）、医药外品（永久性染发产品）	化妆品	含药化妆品
烫发	特殊用途化妆品	化妆品	化妆品	医药部外品	化妆品	化妆品	含药化妆品
脱毛	特殊用途化妆品	化妆品	化妆品	医药部外品	医药外品	化妆品	化妆品
美乳	特殊用途化妆品	药品	化妆品、NDA药品	根据具体情况进行分析	药品	药品	药品/化妆品（依据产品宣称）
健美	特殊用途化妆品	药品/化妆品（依据产品宣称）	化妆品、NDA药品	根据具体情况进行分析	药品	药品	药品/化妆品（依据产品宣称）
除臭	特殊用途化妆品	化妆品	化妆品	医药部外品	医药外品	化妆品	含药化妆品

续表

功效	中国	欧盟	美国	日本	韩国	加拿大	中国台湾
祛斑（美白）	特殊用途化妆品	药品/化妆品（依据产品宣称）	化妆品、OTC药品、NDA药品	医药部外品	化妆品（机能性化妆品）	药品	含药化妆品
防晒	特殊用途化妆品	化妆品	OTC药品	化妆品/医药部外品（药用化妆品）	化妆品（机能性化妆品）	药品	含药化妆品
抑汗	即除臭类产品	化妆品	OTC药品	医药部外品	医药外品	化妆品	含药化妆品
去屑	非特殊用途化妆品	化妆品	OTC药品	医药部外品	化妆品	化妆品	一般化妆品
抗皱	非特殊用途化妆品	化妆品	化妆品	化妆品	化妆品（机能性化妆品）	化妆品	一般化妆品
祛痘	非特殊用途化妆品	药品/化妆品（依据产品宣称）	OTC药品	医药部外品	化妆品、医药外品、药品	药品	药品/化妆品（依据产品宣称）
美黑产品	非特殊用途化妆品	化妆品	化妆品	化妆品、医药部外品	化妆品（机能性化妆品）	化妆品	化妆品

3.部分边界产品的分类

除用途和功效外，产品的施用部位、使用习惯、监管历史等原因，也可能导致某些产品在不同国家和地区的归类情况有所不同，表1-2对几种边界产品进行了比较。

表1-2　几种边界产品在不同国家和地区的分类比较

产品	中国	欧盟	美国	日本	韩国	加拿大	中国台湾
牙膏	《化妆品卫生监督条例》中化妆品的定义并不包括牙膏等作用于牙齿和口腔黏膜的产品	氟化物含量不高于0.15%（以氟计）的牙膏属于化妆品	化妆品/OTC药品（取决于宣称）	化妆品、医药部外品	医药品、医药外品	化妆品/天然健康产品（抗龋和抗敏感牙膏按照天然健康产品管理）	含氟量在1500ppm以下按一般商品管理；含氟量大于1500ppm按药品管理

续表

产品	中国	欧盟	美国	日本	韩国	加拿大	中国台湾
香皂	在《化妆品生产许可工作规范》所划分的化妆品单元中，并未直接列举香皂	化妆品	一般消费品/化妆品（取决于宣称和成分）	化妆品、医药部外品	工业制品	化妆品	按化妆品管理，但手工皂可免于工厂登记
消毒型湿巾	消毒产品	生物杀灭剂产品	OTC药品	杂货	医药外品	不属于化妆品，属于消毒产品	含有抗菌剂且宣称抗菌功效的湿巾按照一般化妆品管理
卫生湿巾（非消毒型）	一般卫生用品	化妆品	化妆品	杂货、化妆品（化妆用或婴儿臀部用）	人体清洁用湿巾属于化妆品	化妆品	无消毒功能的湿巾按照一般商品管理，但婴儿专用湿巾将于2017年6月1日起纳入化妆品管理
宠物用化妆品	宠物用品	消费品	非化妆品	化妆品、医药部外品	动物用医药外品	化妆品	一般商品

以牙膏为例，在美国、欧盟、日本和中国台湾地区，根据配方、宣称及作用机制等不同，牙膏可能被归类为化妆品或药品（医药部外品、医药外品）；但在韩国，目前牙膏仅作为医药品或医药外品进行管理，而非化妆品。并且，在这些国家和地区，牙膏的归类很大程度上取决于其中氟化物的含量，例如：在欧盟，氟化物含量不高于0.15%（以氟计）的牙膏属于化妆品；在韩国，有助于治疗牙齿、牙龈疾病的牙膏，或者氟含量超过1500ppm的牙膏属于医药品，其余则属于医药外品；而在中国台湾，含氟量在1500ppm以下的牙膏按一般商品管理，而含氟量在1500ppm以上的牙膏则按药品管理。

对于皂类产品，不同国家和地区也有着各自的管理方式。根据美国《联邦食品、药品和化妆品法》及《联邦规章法典》第21篇的规定，如果肥皂中的非挥发性物质主要由碱性脂肪酸盐（Alkali Salt of Fatty Acids）组成，其清洁去污能力来自于这些化合物，且仅作为肥皂进行标签、销售、描述时，则不得被归类为化妆品。而在中国台湾，香皂一般按照化妆品进行管理，但针对近年来较为流行的自制手工皂，由于其制备工艺简单且无需特殊设备，因此当地监管部门对规模以下的手工皂加工场所免于办理工厂登记，但相关产品仍需满足化妆品生产制造的技术标准。

此外，从化妆品监管法规的日常追踪情况来看，产品分类管理的标准并不是一成不变的，通常会根据监管需求进行适时的讨论和调整。例如，止汗剂原本在加拿大作为药物管理，但经2009年调整之后，符合一定技术要求的止汗剂可作为化妆品进行管理。2015年7月，韩国发布《化妆品法施行规则》的修订案，出于安全性等因素的考虑，韩国食品医药品安全部将湿纸巾（之前属于工业品）纳入化妆品进行管理，并且要求在制造湿巾时禁止使用荧光增白剂、二甲苯等引起皮肤刺激或者具有毒副作用的物质。2016年4月1日，中国台湾发布正式公告，将婴儿专用湿巾纳入化妆品类管理，并于2017年6月1日起正式实施，其中"婴儿"的概念参考了世界卫生组织（WHO）的定义，指未满一岁者（部授食字第1051601670号）。除此之外，含有抗菌剂且宣称抗菌功效的湿巾在中国台湾按照一般化妆品管理，而其他无消毒功能的湿巾则是一般商品。

第三节　世界主要国家和地区化妆品安全性评价管理

作为日用品，化妆品可能被长期、频繁地使用，并且有可能用于婴幼儿、孕期及哺乳期妇女等特殊人群，其原料和产品的质量安全将直接影响使用者的身体健康，因此需要特别注意对其安全性的把握。正基于此，各个国家和地区对于化妆品原料、生产过程、终产品质量安全标准等均进行了严格的管理规定，其中部分国家和地区已逐步建立起化妆品安全性评价的管理体系，并在科学认识的基础上不断对其进行完善。由于各国社会整体的法制环境和经济科技的发展水平并不相同，因此在化妆品安全性评价方面，也存在着不同的管理模式。但通过对比总结其中优秀的经验，仍然能为我国的化妆品监管带来启示。

目前在化妆品安全性评价方面，欧盟具有较为完善的管理体系。欧盟消费者安全科学委员会（SCCS）所发布的安全性评价指南为众多国家和地区监管部门所借鉴学习。东盟化妆品委员会（ASEAN Cosmetic Committee，ACC）、巴西国家卫生监督局（ANVISA）等化妆品监管机构也发布了官方的评估指南。日本化妆品工业联合会于2015年修订出版了《化妆品安全评估相关指南》，其中包括化妆品安全性评价有关的毒理学试验方法，以及部分替代试验方法，为日本业界提供了指导。在我国，国家化妆品监督管理部门也同样进行着积极的努力和探索，于2015年完成了化妆品安全评价相关指南草案，并公开向社会征求意见。

一、欧盟化妆品安全性评价法规管理

1.欧盟法规中关于安全性评价（安全风险评估）的规定

根据欧盟《化妆品法规1223/2009》第3条规定，"上市化妆品必须在正常、合理、可预见条件下，对消费者是安全的（A cosmetic product made available on the market shall be safe for human health when used under normal or reasonably foreseeable conditions of use）"。同时，第5.1条明确了化妆品安全为化妆品责任人（Responsible Person）的义务，化妆品责任人应委托专业安全评估人员对产品及其原料进行安全风险评估，责任人需对产品及其原料的安全性负责并留存相关的安全风险评估资料。

根据法规要求，在产品投放市场前，化妆品责任人应确保化妆品已经根据相关要求完成安全风险评估，且化妆品安全风险评估报告应符合欧盟《化妆品法规1223/2009》附录Ⅰ的相关要求。同时，欧盟《化妆品法规1223/2009》还特别强调，必须由具有相关资质的安全评估员对产品的安全性进行专业评价，以确保产品的安全。作为产品信息档案（PIF）中的一部分，化妆品安全风险评估报告也应实时更新并随时供官方审查。

在旧版的欧盟《化妆品指令76/768》中，就已明确规定了"化妆品在正常、合理、可预见的使用条件下不能对人体健康造成伤害"，但由于该指令既没有给出"伤害"的定义，也没有规定如何具体的对化妆品开展安全风险评估，因此生产商可以选择自行或委托第三方机构进行评估，只需在报告中列出评估人的姓名和地址供欧盟官方查询即可。由于该指令未针对安全风险评估报告的内容提供详细要求和指导性文件，导致化妆品企业所提交的报告质量良莠不齐，不能完全满足市场安全方面的要求，甚至出现产品被召回的案例。因此，在新版的欧盟《化妆品法规1223/2009》中，附录Ⅰ关于化妆品安全风险评估报告的内容被重新修订，作为化妆品安全风险评估报告的指南。需注意的是，正如欧盟《化妆品法规1223/2009》中第10条所指出的："指南不能替代具有资格的安全评估员的专业评估"。

依照欧盟《化妆品法规1223/2009》附表Ⅰ，化妆品安全风险评估报告应包括以下两部分内容，其具体要求参见欧盟法规。

（1）化妆品安全信息（A部分）　产品成分信息（定量及定性）、产品理化特性和稳定性、微生物指标、杂质、痕量风险物质、产品包装信息、正常和可预见的使用方法、化妆品及其成分的人体暴露、成分毒理学信息、不良反应和严重不良反应、其他产品有关信息。

（2）化妆品安全评价（B部分） 安全评估结论、标签中的警示语和使用说明、安全评估的科学依据、安全评估员的资质及其对化妆品安全评估的结果确认。

为了便于化妆品企业（尤其是中小型企业）更好地理解化妆品法规附表Ⅰ的有关要求，欧盟委员会还特别制定了《委员会实施决定——关于<化妆品法规1223/2009>附录Ⅰ的指南》。值得注意的是，欧盟化妆品法规本身并没有直接描述产品微生物指标、重金属等风险物质管理限值的要求，但是要求化妆品安全风险评估中考虑这些方面的因素对产品安全及风险评估的影响，即化妆品安全信息（A部分）应包含的微生物指标、杂质和风险物质的内容。针对痕量风险物质，《化妆品法规1223/2009》第17条中要求："通过天然或合成原料中所含杂质形式引入，或者通过生产过程、产品储存、产品包装环节引入的少量存在的禁用物质，这些禁用物质不是通过有意添加，而是在良好生产规范条件下，技术上不可避免的，这些物质的存在是被允许的，只要其存在符合第3项条款的要求，即产品安全相关要求（Article 17: The non-intended presence of a small quantity of a prohibited substance, stemming from impurities of natural or synthetic ingredients, the manufacturing process, storage, migration from packaging, which is technically unavoidable in good manufacturing practice, shall be permitted provided that such presence is in conformity with Article 3）"。因此，欧盟化妆品安全风险评估包含对风险物质的痕量进行安全风险评估，只有通过安全风险评估的化妆品才能投放市场。而微生物指标则主要参考《化妆品原料安全性评价测试指南》中的产品微生物质量要求，这点也在《委员会实施决定——关于<化妆品法规1223/2009>附录Ⅰ的指南》中予以明确；同时，ISO标准中也有对微生物指标的相关规定（ISO 17516），可作为一项重要参考。

2.欧盟消费者安全科学委员会（SCCS）及《化妆品原料安全性评价测试指南》

欧盟消费者安全科学委员会（SCCS）是化妆品领域最为重要的技术支撑机构。作为欧盟科学委员会之一，SCCS主要提供非食品类消费产品及服务的健康和安全风险相关的科学意见，例如化学、生物学、作用机理及其他方面的安全风险等。其中非食品类的消费产品主要包括化妆品和化妆品原料、玩具、纺织品、服装、个人护理产品和家居产品等，非食品类的服务例如纹身、人工日光浴等。

在发展过程中，SCCS经历了多次变革，形成如今负责化妆品安全相关工作的科学委员会。其历史变革包括：①1979~1997年，欧盟美容科学委员会（Scientific Committee on Cosmetology，SCC）；②1997~2004年，欧盟消费者用化妆品和非食品产品科学委员会（Scientific Committee on Cosmetic Products and Nonfood products intended for Consumers，SCCNFP）；③2004~2009年，欧盟消费品科学委员会（Scientific Committee on Consumer Products，SCCP）；④2009年更名为欧盟消费者安全科学委员会（SCCS）。目前，欧盟消费者安全科学委员会（SCCS）以及欧盟健康、环境和新兴风险科学委员会（Scientific Committee on Health，Environment and Emerging Risks，SCHEER），已成为欧盟委员会最为重要的两大科学委员会，两个委员会的主席、副主席还组成委员会间合作组（Inter-Committe Cooperation Group，ICCG）负责协调处理两大科学委员会之间的交流与合作，共同应对安全风险相关问题。

SCCS成员由欧盟健康和食品安全总司（Directorate General for Health and Food Safety，DG SANCO）任命，在工作中需遵循独立性、透明性、保密性的原则。为了支持科学委员会的工作，欧盟健康和食品安全总司为其提供科学及行政秘书处，提供必要的支持，并且协助科学委员会进行科学意见（Opinions）质量控制相关的工作。

按照工作流程，在收到欧盟委员会的明确要求即命令（Mandates）后，SCCS对申请人（如行业、成员国政府机构等）提供的、符合特定要求的安全资料展开评估，并将安全评估内容概括为SCCS科学意见，从而完成对该命令的回复。在最终发表前，SCCS会就其科学意见向社会公开征求意见。在SCCS发表正式的科学意见后，欧盟委员会依情况决定是否需要采取风险管理措施，如有必要，还将进一步根据SCCS意见提出相关的法规草案。来自欧盟委员会、成员国、行业等的专家所组成的非官方化妆品工作组（Working Group on Cosmetic Products），会对法规草案及相关的SCCS意见进行讨论，继而将讨论结果提交至官方的化妆品常委会，常委会将依据欧盟《化妆品法规1223/2009》第32条对法规草案及相关的SCCS意见进行表决，如果通过，则将法规修订案发布于欧盟官方期刊（EU Official Journal）。

为规范化妆品安全评估的过程，SCCS发布了上述《化妆品原料安全性评价测试指南》（Notes of Guidance for Testing of Cosmetic Ingredients and Their Safety Evaluation by the SCCS），其中包含了与化妆品原料有关的试验方法和安全评价信息，为政府机构和化妆品行业提供了技术指导。对于化妆品原料和产品的安全风险评估，应该在参考该指南的同时，进行实例分析。随着科学技术的发展、检测和安全性评价经验的积累，《化妆品原料安全性评价测试指南》也在不断地修改和更新，现行的版本是第10版，2018年10月通过实施。

《化妆品原料安全性评价测试指南》中，包含欧盟化妆品安全性评价工作具体的分工及流程，见图1-1。

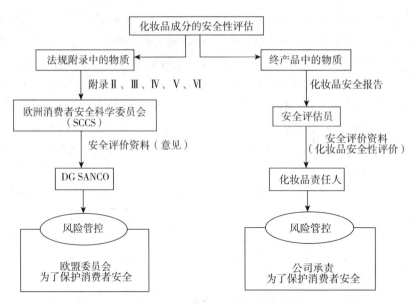

图 1-1 欧盟化妆品安全性评价示意图

根据《化妆品原料安全性评价测试指南》，安全性评价分为四个步骤：危害识别、剂量反应评价、暴露评价和风险特性。该指南对化妆品原料安全性评价应考虑的因素进行了系统介绍，其中首先包括受试物的理化性质信息，这些信息有助于初步判断化妆品原料毒理学性质，例如，物质的分子量、亲水性等会影响透皮吸收的可能性，此外还将进一步影响安全评价过程中所考虑的毒性研究及试验方法等有关内容。化妆品原料安全性评价相关的毒理学研究主要包括：急性毒性、腐蚀性和刺激性、皮肤致敏性、皮肤经皮吸收、重复毒性、致突变性、遗传毒性、致癌性、生殖毒性、毒代动力学研究、光诱导毒性、人体试验资料等。

该指南不但介绍了收录于欧盟《化妆品法规1223/2009》附表中的各物质的毒理学研究要求，还介绍了化妆品终产品风险评估的基本要求。同时，该指南对芳香类物质、潜在内分泌干扰素、动物来源物质、致癌性/突变/生殖毒性物质和纳米材料等，也进行了有针对性的详细讨论。此外，该指南还详细介绍了化妆品原料的安全边界值和终身致癌风险计算的一般原则，以及染发产品及其成分的特殊安全评价、毒理学关注阈值（TCC）、吸入途径风险评估等内容。

二、美国化妆品安全性法规管理

1.美国法规中关于化妆品安全性评价的规定

在美国化妆品监管法规体系中，并无特定的关于安全性评价的具体要求，但在具体的监管操作及法规制修订过程中，仍然能够体现出安全性评价的要求。

首先，在美国，生产制造化妆品的企业或经销商应承担化妆品的安全责任。在美国FDA官方网站上明确指出：化妆品生产经营企业或个人对产品安全性负有法定责任。

在化妆品终产品的安全要求方面，化妆品产品及其成分应在预期用途下保证其安全性。根据美国《食品药品和化妆品法案》（FD&C）的规定，禁止掺假伪劣（Adulterated）和错误标识（Misbranded）的产品在各州间进行交易。容器或产品不得含有在使用时可能会引起危害的物质（煤焦油染发剂除外），不得含有污染、腐烂等物质，不得违规使用着色剂，不得在不卫生的条件下进行生产、包装或储存，违反以上要求将会被视为掺假伪劣产品。

除对着色剂管理实行审批制度外，美国官方颁布了原料的禁用或限用名单，生产企业对终产品的安全负责。对于新原料，除着色剂外，美国并没有设立许可管理制度。根据美国的监管制度，对于企业保证化妆品原料安全性所采用的具体试验方法，FDA并无强制性要求，也不强制要求企业提交相应的资料，但是化妆品企业需要持有这些原料的翔实资料，以确保化妆品的安全性。美国对于微生物的限量没有做出具体的要求，但FDA发布了微生物检测分析方法。在重金属等风险物质的限量方面，对于汞含量的要求较为严格。此外，由于石棉是一类致癌物质，FDA规定化妆品用滑石粉中不得含有石棉。

2.美国化妆品原料评价委员会（美国CIR）

除FDA及其内设机构强大的专家力量外，一些社会机构和组织也会对化妆品原料安全性等感兴趣的技术问题进行审查和评定，例如美国化妆品原料评价委员会（Cosmetic Ingredient Review，美国CIR）。美国化妆品原料评价委员会成立于1976年，由美国个人护理产品协会（Personal Care Products Council，PCPC）建立并提供财政资助，但美国CIR评价过程是独立于PCPC和业界的，其评估报告发表于《国际毒理学杂志》。

不同于SCCS发布的安全性评价意见对于化妆品法规修订的影响力度，美国CIR的评估报告并不能够直接作为美国政府的立法依据，但对于化妆品公司及行业，美国CIR关于原料的观点和结论是一项重要的参考依据。

美国CIR的基本政策和发展方向由美国CIR指导委员会（Steering Committee）决定。除特别规定外，提交至指导委员会的问题由出席会议的成员投票表决，决议生效的法定投票人数应在5人以上。美国CIR的指导委员会由以下人员构成。

（1）PCPC的总裁及CEO，作为该指导委员会的主席。

（2）一名皮肤学家，代表美国皮肤学会（The American Academy of Dermatology）。

（3）一名毒理学家，代表毒理学会（The Society of Toxicology）。

（4）PCPC的"美国CIR科学支撑委员会"（美国CIR Science and Support Committee）主席。

（5）PCPC的科学执行副总裁（Executive Vice President for Science）。

（6）一名消费者代表，代表美国消费者联盟（The Consumer Federation of America）。

（7）美国CIR专家组主席。

在美国CIR下设有专家组（Expert Panel）给予技术支持，专家组的成员应符合以下要求：①专业应与化妆品原料安全性评价相关，成员应有不同的教育背景、从业经验等，以便专家组在处理问题时能够实现不同专业间的平衡；②成员应满足联邦法律中关于特别政府雇员（Federal Law to Special Government Employees）的利益冲突准则。专家组成员任期六年，可续任一期，专家组主席的任期时间无限制。专家组通常含有9名成员，每位成员享有平等的投票权，在不少于7人的情况下投票生效。主席仅一名，由美国CIR的指导委员会从专家组成员中选出。

美国CIR还应邀请以下利益相关的组织机构：①美国食品药品管理局；②美国消费者联盟；③PCPC。各指定一名联络代表加入到专家组。

对于上述专家组的联络代表严格限定为3人，即每个利益相关组织指定1人。然而，这些组织可根据所讨论的化妆品原料类别或其他必要进行人员调整。因为这些来自政府、消费者组织、业界的联络代表无投票权，因此可由所在组织选定，并且不受利益冲突准则的限制。除不具有投票权外，联络代表还不得接触机密数据和信息。

在目前市场流通的化妆品原料中，美国CIR专家组每年形成一份年度优先清单进行评估和讨论。年度优先清单的选择主要基于FDA的化妆品自愿注册系统（Voluntary Cosmetic Registration Program，VCRP）所显示的原料使用频率，在年度优先清单中，某些原料可根据毒理学方面的因素进一步提高优先级。为减少重复劳动，美国CIR一般不考虑以下几类原料的风险评估：着色剂、OTC药物活性原料、食品香料、GRAS食品原料、食品添加剂、芳香原料、在食品药品管理法规中有最终管理结论的物质以及新药申请等。年度优先清单的草案应于前一年6月1日之前对外公布，并进行为期60天的征集意见，最终版本应于10月31日之前完成，在评估过程中，专家组可依需要随时在清单中添加新的原料或调整优先顺序。

根据年度优先清单，美国CIR会为每一项接受评估的原料完成一份科学综述，美国CIR关注的数据包括但不限于：①原料的INCI名称和商品名称，理化性质，化学结构，制造方法，纯度等原料特性，植物原料等复杂混合物的特性等；②来自VCRP的使用信息，包括经PCPC调查获得的使用浓度信息，或由供应商或使用方所提供的信息等；③非人体数据；④人体数据；⑤使用条件；⑥对数据和观点进行总结，以得出该原料的使用是否安全的结论。科学综述对外发布后，还将进行为期60天的数据、信息及意见的征集。科学综述以及相应的评论意见、新提交的数据信息等将提交至专家组进行审评。

在专家组形成最终报告后，美国CIR负责将报告发表至《国际毒理学杂志》，并向公众进行宣传。如果专家组最终得出以下3种结论：①某原料在其使用条件下不安全；②没有足够的数据或信息证明某原料在其使用条件下是安全的；③为确保某原料的安全性应设置使用的限制条件。则还应将报告分别发送至食品药品专员（Commissioner of Food and Drugs），即食品药品管理局局长、食品安全和应用营养中心负责人（Director of the Center for Food Safety and Applied Nutrition）、化妆品和色素办公室负责人（Director of the Office of Cosmetics and Colors）。

三、日本化妆品安全性法规管理

1. 日本法规中关于化妆品安全性评价的规定

日本法规要求，日本化妆品企业需对产品安全负责。企业必须在产品投入市场前评价其产品安全性，并予以记录。在产品的安全风险评估方面，遵循企业自主管理的原则，除符合《医药品、医疗器械等品质、功效性及安全性保证等有关法律》等法规要求外，监管部门不做其他要求。日本化妆品工业联合会发布的《化妆品安全评估指南》（2008）中同样对有关问题提出了倡议，建议化妆品安全应按产品进行评估。

关于化妆品终产品的品质要求，首先必须符合日本《化妆品基准》的要求：不得销售变质、混入异物或被微生物污染的产品［第60条及第62条沿用《药机法》（原《药事法》）第56条］。在重金属的管理及限量方面，镉化合物、汞及其化合物、锶化合物、硒化合物、甲醇在日本《化妆品基准》中被列为禁用组分，化妆品中砷的含量必须控制在10ppm以下。此外，根据《有关滑石粉的品质管理》，当滑石粉作为原料添加在化妆品或医药部外品中时，必须根据X射线分析法确认不含有石棉方可使用，如果原料未进行试验的话，须对成品进行检测。对于其他风险物质，虽暂时没有进行明确的限值规定，但企业必须承担全部的质量安全责任。

除日本定义的化妆品外，日本医药部外品中的部分产品在我国属于化妆品范畴。因其采用的是许可制，根据《有关医药部外品等的许可申请》的规定，需根据其是否含有新功效成分或新添加剂（非功效成分）、是否为新剂型、新含量、新配伍、新用法等，提交不同程度的理化分析、稳定性及毒理有关的试验报告。

在配合使用原料时，化妆品及医药部外品需要遵循的主要法规包括：《化妆品基准》（厚生省告示第331号，2000年9月29日）中的组分列表、《药用化妆品的功效成分清单》（曾作为药用化妆品功效成分被批准、经厚生劳动省发布的成分）、《医药部外品添加剂清单》（曾作为药用化妆品的添加剂成分被批准，厚生劳动省发布的2008年版本中共收录有2731种成分）以及其他药典、别纸规格[①]等。

此外，对于日本化妆品，自2001年法规管理制度放宽以后，除《化妆品基准》中提到的禁用组分、限用组分清单中所收录的物质以外，允许企业在保证产品安全的前提下，自行判断使用。此外，对于未收录于禁限用列表之中的成分，企业还可以进行列表追加或限量变更的申报，审查通过后以公告的形式予以发布。在企业自主管理、承担责任的大环境下，企业还可参照日本化妆品工业联合会的《化妆品原料规格制定指南》，自行制定化妆品原料规格并依其进行管理。

为对"新原料"进行定义，日本区分了有使用历史和无使用历史的原料，其判断依据为《化妆品基准》（厚生省告示第331号2000年9月29日）、《医药部外品原料规格2006》（药事日报社）、《被称为药用化妆品的功效成分清单》（药食审查发第1225001号2008年12月25日）、《医药部外品添加剂清单》（药食审查发第0327004号2008年3月27日）以及企业自身所掌握的原料使用历史等。由已有使用历史的原料构成的产品配方，与下列项目进行对照，其使用方法等完全一致的情况下，可依据其上市历史而判断产品的安全性；但如果没有上市历史，或原料的配伍方法等不完全相同时，应在企业责任的前提下，使用适当的方法对产品进行安全风险评估，风险评估的内容包括：原料的使用历史及安全评价结果、产品种类、产品使用方法、产品中的组分含量、产品中的各组分的配比、产品使用频率、与皮肤接触的总面积、使用部位、使用时间、使用对象、类似组分产品的上市历史。

对于医药部外品中的配合成分，与化妆品的最大区别在于添加了特定的功效成分。这些成分的使用浓度，须保证产品能够产生一定的功效作用，并且不得超过药品中的添加浓度。按照《医药品、医疗器械等品质、功效性及安全性保证等有关法律》规定，法定清单中未被收录的成分，如用于医药部外品，应作为新原料接受审查，即根据原料的使用状况等，与产品一同申报。

2.日本国家产品技术与评价院（NITE）及日本化妆品工业联合会（JCIA）

日本没有专门从事化妆品评价的官方机构，但国家级别的从事化学物质管理的独立行政法人：国家产品技术与评价院（National Institute of Technology and

---

① 别纸规格，即企业自行制定的原料规格，产品申报时提交厚生劳动省，但不作公开。

Evaluation，NITE）承担了提供化学物质有关的科学性见解，以及法律法规、国际惯例等有关的技术及情报方面的工作。

受政府委托，NITE为政府部门提供技术支持，因此其见解受到业界的广泛关注。NITE在化学物质管理领域的工作主要分为三个部分：一是化学物质审查管理工作，主要包括新化学物质审查的事前指导、化学物质的风险评估、企业现场检查等；二是《化学物质排放管理促进法》（以下简称《化管法》）的有关工作，主要包括《化管法》施行的指导、《化管法》有关信息的收集和分析等；三是《化学兵器禁止法》的有关工作。

此外，在日本化妆品行业内影响力较大的机构还有日本化妆品工业联合会（Japan Cosmetic Industry Association，JCIA）。该协会最早为东京化妆品工业会，成立于1950年。发展至今，JCIA共有会员企业约1000家，下设14个专业委员会，包括动物替代、原料规格、着色剂、微生物、紫外线等与化妆品重要相关的专业委员会。JCIA的委员大多是来自各化妆品及原料企业的专家，他们负责讨论和制定行业的自主管理标准，并参与国际组织的合作交流活动。例如，日本化妆品工业联合会出版了《化妆品安全性评价指南》，作为保证化妆品安全性的参考文件而被广泛使用。2013~2014年，JCIA还组织开展了部分化妆品产品的消费者暴露量评估调查，希望弥补由于东西方人种差异及消费者使用习惯的不同造成的欧美暴露量数据的不足。2016年，JCIA根据收集的数据，正在汇总编写《暴露评估指南》。

四、我国化妆品安全性法规管理

我国化妆品现行法规主要是1989年11月13日由原中华人民共和国卫生部颁布，1990年1月1日起施行的《化妆品卫生监督条例》。该条例对化妆品生产经营和卫生安全监督等提出了总体要求，对化妆品上市前许可和备案管理、上市后监督管理制度等进行了明确，对标签标识、广告宣称提出了要求，对违反相关规定的行为提出了相应的罚则。条例颁布实施以来，对规范化妆品生产经营，确保产品质量安全起到了重要的作用。

近年来，随着社会经济的发展和人们生活水平的日益提高，我国化妆品行业也实现了飞速发展，《化妆品卫生监督条例》中设置的一些管理制度已经不能完全适应行业发展和监管实际需求。为进一步规范化妆品注册和备案管理工作，保障消费者健康权益，国家化妆品监管部门基于科学认识的提高和科学监管理念的转变，对部分产品的安全性评价要求进行了调整。

2010年8月，原国家食品药品监督管理局发布《关于印发化妆品中可能存在的安全性风险物质风险评估指南的通知》（国食药监许〔2010〕339号），对化妆品中可能存在的安全性风险物质的定义、风险评估基本程序、评估资料的基本要求等进行了具体解释。2013年12月，原国家食品药品监督管理总局发布《关于调整化妆品注册备案管理有关事宜的通告》（2013年第10号通告），明确了国产非特殊用途化妆品"风险评估结果能够充分确认产品安全性的，可免予产品的相关毒理学试验"。此外，为规范和指导安全风险评估工作，2015年，原国家食品药品监督管理总局组织起草了《化妆品安全风险评估指南》（征求意见稿），并向社会公开征求意见。

同时，在新修订的《化妆品安全技术规范》具体规定化妆品技术方面的要求，明确提出有关化妆品安全性评价的要求。其中，第3.1.1条规定："化妆品应经安全性风险评估，确保在正常、合理的及可预见的使用条件下，不得对人体健康产生危害"。第3.2.1条关于禁用组分的规定中，也同样提到安全性风险评估的理念："若技术上无法避免禁用物质作为杂质带入化妆品时，国家有限量规定的应符合其规定；未规定限量的，应进行安全性风险评估，确保在正常、合理的及可预见的使用条件下不得对人体健康产生危害"。《化妆品安全技术规范》还对终产品中部分风险物质的限量要求等进行了补充和修订，主要包括：调整了化妆品中铅和砷的限值（铅由40mg/kg调整为10mg/kg，砷由10mg/kg调整为2mg/kg），同时新增了镉（5mg/kg）、二噁烷（30mg/kg）、石棉（在规范指定的检验方法条件下，不得检出）的限值要求等。

第四节　化妆品替代试验发展及管理

随着科技的不断进步，细胞、分子等生物学手段被引入到现代毒理学研究中，新的体外研究方法，如人的永生化细胞系、体外重建的组织器官、计算机模型预测毒理学性质等方法为传统动物实验带来了挑战。从科学的角度来看，动物的生理结构及毒理学反应与人存在差异，以动物实验模拟人的情况存在种属间的偏差；在化妆品安全性检测中，某些局部毒性的经典毒理学试验如眼刺激、皮肤刺激性/腐蚀性的家兔试验，评分标准主要为肉眼观察，影响因素较多，因此以动物实验结果预测可能对人类发生危害的准确性尚有待研究。并且，随着欧盟化妆品动物实验禁令的实施以及化学品注册管理的REACH法规对安全性评价的要求，利用替代试验方法进行化妆品的安全评价成为越来越多国家和地区努力实现的目标。

一、不同国家、地区的体外替代方法起源及管理现状

贯彻动物实验的3R原则（减少、优化和替代）和采用更科学的手段进行化妆

品安全性评价已成为世界上很多国家和地区努力实现的目标之一。欧盟和部分发达国家发布相关法规文件，逐步禁止化妆品开展动物实验。

2003年，欧盟的DIRECTIVE 2003/15/EC号文件规定：自2009年3月11日起禁止使用动物进行化妆品急性毒性、眼刺激和过敏试验，自2013年3月11日起全面禁止在动物身上进行化妆品和原料的安全性测试，不允许成员国从外国进口和销售违反上述禁令的化妆品，并列入WTO双边协议。这一动物实验禁令的提出，加快了全世界在化妆品领域对替代方法研究的步伐。

美国自20世纪开始的美国国家毒理计划（National Toxicology Program，NTP），也一直致力于毒理检测方法的改进和研究。其报告"21世纪毒性试验：远景与策略"中指出传统的毒理学正经历着巨大的挑战和改革，未来的毒性检测策略将以研究毒性机制和靶向测试为核心，方法逐渐由当前的体内试验转变为体外试验，重点发展以现代生物学为基础、涵盖广泛量效关系的、高效的体外测试方法。

2009年，美国、加拿大、欧盟和日本签署了替代方法国际合作协议（International Cooperation on Alternative Test Methods，ICATM），2011年韩国也加入了该协议。此后几年内，欧盟、美国、日本、韩国、巴西等国家和地区都纷纷成立了相应的体外科学研究验证机构，推进化妆品替代实验方法的研究和应用，如ICCVAM（Interagency Coordinating Committee on the Validation of Alternative Methods，美国机构间替代方法评价协调委员会）、EURL-ECVAM（European Union Reference Laboratory for Alternatives to Animal Testing，欧洲替代动物方法核心实验室）、JaCVAM（Japanese Center for the Validation of Alternative Methods，日本替代方法验证中心）、KoCVAM（The Korean Center for the Validation of Alternative Methods，韩国替代方法验证中心）和BraCVAM（The Brazilian Center for Validation of Alternative Methods，巴西替代方法验证中心）等。经过替代方法验证中心认可的试验方法，可以申请纳入OECD（经济合作与发展组织，简称经合组织）、ICH（人用药物注册技术要求国际协调会）、ICCR（国际化妆品监管合作组织，主要参与成员包括FDA、欧盟委员会企业总局、日本厚生劳动省和加拿大卫生部）或其他国家、地区的法规标准，在世界范围内被广泛认可。

迄今为止，世界上已经明令禁止或正在讨论禁止化妆品动物实验的国家和地区有：欧盟、英国、挪威、巴西、土耳其、韩国、印度、新西兰、以色列、瑞士、美国、俄罗斯、澳大利亚、加拿大、阿根廷、越南、中国台湾和美国加州地区等。有些国家虽未立法禁止动物实验，但是设立了专门的替代方法研究中心，如日本；有些国家虽未设立替代方法研究中心，但其政府部门有专门的科研经费和基金用于替代试验相关的研究，或者通过跨国合作的方式与美国、欧盟的替代方法研究中心合作，进行替代方法的验证和研究，或者通过网络平台分享和交流替代方法，如加拿大、德国、澳大利亚和新西兰。从化妆品动物禁令的模式来看，有像欧盟禁令这样一刀切式的全面禁止化妆品及原料领域中所有动物实验的模式，也有根据科学的发展，只在有其他优选方案的情况下禁止动物实验的模式，还有很多国家虽无法规要求禁止动物实验，但鼓励在化妆品安全评价中可采用替代方法进行安全性评价。

二、体外替代方法的研究进展及使用策略

需要指出的是，所谓的"替代方法"（Alternative Methods），是对英文"Alternative"的直接翻译，但其意义应该是指"最优选的方法"，而不仅仅是追求"替代"原有的动物实验。研究"化妆品动物体外替代试验"，是为了寻找更精确、一致性更高、更灵敏、更经济的优选方法，并且这些"优选方法"首先需要符合动物3R的"减少、优化、替代"原则。

欧盟联合验证中心（Joint Research Centre，JRC）和美国国家毒理计划（NTP）均一直致力于替代试验方法的开发、验证和推广工作。纵观替代毒理学的发展史，其研发思路由最开始的以离体器官、屠宰场废料、鸡胚等取代整体动物的试验，发展至以体外细胞系、重建人体组织（眼角膜、皮肤模型）为研究对象的模型，再发展至以微生理为基础的"Human-on-Chips"或者称为"Lab-on-Chips"的芯片技术，以及以计算及信息技术为基础的定量构效关系（QSAR）预测等。

在安全性评价中，经过验证的、用于评价局部毒性的替代试验方法较多，包括皮肤刺激性/腐蚀性、眼刺激性/腐蚀性、皮肤光毒性、皮肤致敏性等毒理学终点，可以实现通过单一方法或几种替代方法组合的策略评价化妆品及其配方原料（包括杂质）的安全性，且在评价过程中不使用整体动物实验。但是在全身毒性方面（遗传毒性、致癌性/致畸性/致突变性、胚胎毒性等），至今还没有可以完全取代动物实验的策略，尤其是亚慢性和长期毒性的评估中，仍然依赖整体动物实验来提供可靠的数据。

根据替代方法的研究和使用经验，科学界逐步形成了根据特定的毒理学终点，"自上而下"或"自下而上"地有序选择一系列试验形成"组合策略"，达到有效筛选毒性目的的观点。例如评价一个受试物的眼刺激性，可以从评价腐蚀性的试验开始，一直测到评价刺激性的试验结束，或反过来检测。组合策略可以高效快速的筛选出结果，也可以弥补单一试验的局限性问题。

风险评估是以保证消费者的健康安全为目的，识别和控制化妆品安全风险的手段，通过定量或定性的方法在特定情境下来衡量危害或者预估风险的大小和程度。风险评估可分为定性评估和定量评估。定性评估结论常常以"是或否""低、

中或高"来表示目标物质的毒理学性质，例如刺激性、致敏性、致癌性或生殖发育毒性等。定量评估是通过试验数据，如未观察到有害作用剂量（NOAEL）和暴露信息（暴露途径、暴露量等），进行计算来表示风险的大小。例如化妆品安全风险评估中，常根据透皮吸收进入循环系统的量来计算安全边界值（MoS）。

在进行风险评估时，需要考虑到任何现有并且可靠的科学数据。除化合物目前已有的理化性质、动物实验数据、体外试验数据、临床研究、使用中的不良反应信息外，还可以考虑加入计算机模拟预测的数据，如定量构效关系（QSAR）、生理基础的药物动力学/毒代动力学模型数据（PBPK/PBTK）、物质分组（Grouping）及交叉参照法（Read-Across），这些计算机模拟预测的数据，为化妆品原料的前期开发提供研究思路和方向，并且作为模拟预测的结果可为安全风险评估提供背景数据，但并不是毒理学证据。尤其在欧盟推出REACH法规以及化妆品动物实验禁令后，替代方法在安全风险评估中的作用日益重要。

美国的"21世纪毒性试验：远景与策略"指出，未来的毒性测试和风险评估策略应以"毒性通路"为基础，通过计算生物学方法和以人类生物学为基础的体外方法组合，对毒性通路中有显著生物学意义的影响进行评估，目标是在危害发生早期，及时识别关键路径中受到影响而导致不良健康结局的因素，了解影响对人群健康产生的影响。2001年，国际化学品安全规划处（International Program on Chemical Safety，IPCS）提出以毒性作用模式（Mode-of-Action，MoA）来确定动物数据与人类的相关性。此后，经过多次学术会议的讨论及国际化学品安全规划处对毒性作用模式这一概念的不断完善，学术界又提出了"有害结局路径"（Adverse Outcome Pathway，AOP）的概念，用于描述分子起始事件（Molecular Initiating Event，MIE）在生物体不同组织结构层次中所表现出的与危害评估相关的"有害结局"（Adverse Outcome，AO）间的相互联系。AOP将现有的方法与系统生物学联系起来，收集和评估与化学、生物学和毒理学相关的信息，为化学物毒性预测和法规决策提供科学依据。AOP的概念与传统的毒性作用评价不同，它整合了与毒性测试终点相关的信息或因果联系，即关键事件关系（Key Event Relationships，KER），通过阐释与有害结局相关的通路机制，建立与法规监测相关的毒性终点及相应的测试方法。因此，AOP可以有效地整合多学科的最新技术，发掘毒性作用下更深层次的作用机理，开发新型的基于人体生命科学的测试方法，进行化学物危害评估或提供优先级测试的建议，实现3R的目标。近几年的皮肤致敏性替代方法，就是首个成功应用AOP进行法规应用的案例。皮肤致敏分为致敏阶段和随后的免疫应答阶段，在皮肤致敏的AOP中共包含4个关键事件（Key Event，KE）：KE 1也是分子起始事件（MIE）为外源性化学物质与皮肤蛋白共价结合形成复合物（抗原）；引起细胞层面（Cellular Response）的KE 2角质细胞应答（炎症反应）和KE 3树突状细胞（Dendritic Cells）的激活；及后活化的树突状细胞迁移至淋巴结导致器官/系统性反应（Organ/System Response）的KE 4记忆T细胞的增殖，人体再次接触同类抗原时引起免疫应答；最终在机体层面（Organism Response）的有害结局（AO）引起人体的接触性皮炎。针对皮肤致敏性AOP过程中的每一个关键事件，设计相应的试验进行检测，以不同KE阶段的试验结果为参考，综合性评价化学物质的皮肤致敏性（表1-3）。需要关注的是，由于每种试验都有其局限性，且皮肤致敏性的有害结局产生是一系列KE连续发生的过程，所以不同阶段的检测结果需根据证据权重综合性考虑。

表1-3 皮肤致敏性检测手段总结

关键事件（KE）	检测方法开发策略	检测手段
外源性化学物质	理化性质分析	In Silico、QSAR
KE 1（MIE）：分子水平	半胱氨酸/赖氨酸共价结合、蛋白位点反应	DPRA/ADRA（TG 442C）、PPRA、kDPRA…
KE 2、KE 3：细胞水平	角质细胞炎症反应、角质细胞抗氧化剂的基因应答 树突细胞反应	KeratinoSens/LuSens（TG 442D）、SENS-IS、h-CLAT/U-SENS/IL-8-Luc assay（TG 442E）、GARD…
KE 4：器官/系统水平	T细胞增殖、淋巴结反应	LLNA（TG 429、TG 442A/B）…
AO：机体水平	接触性皮炎	豚鼠试验、斑贴试验、临床数据

三、体外替代方法的验证和使用情况

替代方法要成为标准方法，必须经过有效的验证工作。验证的目的除考察方法的可靠性、相关性和可重复性以外，还要考虑方法推广执行的成本和适用范围等因素。因此替代方法在开发研究、验证（Validation）或转移确认（Verification）时，应充分考虑方法的可操作性、试验材料（细胞、组织等生物材料）和仪器的可及性、基于化妆品法规要求下的适用性及方法本身的使用条件等，验证不是简单的标准文本翻译。

国际权威的验证研究机构：ICCVAM、EURL-ECVAM、JaCVAM，以及OECD化学品检验指南的官方网站上收录了系列的、已通过验证的体外方法，我国的《化妆品安全技术规范》也收录的部分体外毒理学检验方法。

1.眼刺激性/腐蚀性试验

化妆品中眼刺激性/腐蚀性的试验方法研究报道很多，可用的替代方法也很多。OECD认可的试验就有6个：牛眼角膜渗透性通透性试验（BCOP）、离体鸡眼试验（ICE）、荧光素渗漏试验（FL）、体外短时间暴露试验（STE）、重组人角膜模型试验（RhE）、胶原凝胶试验（Vitrigel-EIT），细胞传感器微生理仪试验（CM）还在验证中。除OECD指南列出的方法外，欧盟和美国验证过的方法还有鸡胚绒毛膜尿囊膜试验（HET-CAM/CAMVA）方法、红细胞溶血法（RBC）、中性红释放法和离体兔眼法等。目前，国际上最常用的方法是BCOP，但由于东方人的饮食习惯、宗教信仰、屠宰场规模、角膜运输等因素的影响，在我国，尤其是化妆品产业集中的东南沿海一带，大量新鲜的牛角膜获取存在一定难度。科学研究发现，猪眼角膜在生理及反应结果方面与人眼角膜更为接近，因此国际上也有利用猪眼角膜替代牛眼角膜进行渗透性通透性试验的研究报道，但尚未形成统一的试验方案。

眼刺激性/腐蚀性试验中，单一的替代方法无法完全覆盖整体动物实验所适合的所有刺激性等级范围以及所有形态的物质和产品，也无法覆盖动物实验的损伤及炎症的标准范围。由于每个替代方法均有其局限性，因此通常采用几种方法组合，根据检测目的采用"自上而下"或"自下而上"的测试策略来进行检测。

眼刺激性/腐蚀性的替代方法研究思路从最初的离体眼球类的试验（离体兔眼、离体鸡眼）发展到利用屠宰场废料的BCOP，从模拟眼睛毛细血管网络的鸡胚尿囊膜试验，发展到体外细胞系试验（荧光素渗漏试验、短时暴露试验、细胞传感微生理试验）再到体外重组人体角膜试验，眼部毒性替代方法的发展历程充分体现了减少、优化、替代的3R原则。眼刺激性替代方法收录情况见表1-4。

表1-4 眼刺激性替代方法收录情况

方法名称	OECD	ICCVAM	EURL-ECVAM	JaCVAM	KoCVAM	化妆品安全技术规范
牛眼角膜渗透性通透性试验（BCOP）	OECD TG 437 2017	√	√	√	√	—
离体鸡眼试验（ICE）	OECD TG 438 2018	√	√	√	√	—
细胞培养型的荧光素渗漏试验（FL）	OECD TG 460 2017	√	√	√	—	—
体外短时间暴露试验（STE）	OECD TG 491 2018	√	√	√	√	√
重组人角膜模型试验（RhE）	OECD TG 492 2019（EpiOcular、SkinEthic、LabCyte Cornea、MCTT HCE）	√	√	√	√	—

续表

方法名称	OECD	ICCVAM	EURL-ECVAM	JaCVAM	KoCVAM	化妆品安全技术规范
胶原凝胶试验（Vitrigel-EIT）	OECD TG 494 2019	—	ICATM 接受	√	—	—
在开始试验前使用证据权重分析和非动物检测策略以避免动物实验	OECD TG 405 2017	√	OECD数据接收	OECD数据接收	—	—
在动物实验中使用麻醉、止痛和人道主义终点等手段		√	√	OECD数据接收	—	—
细胞传感器微生理仪试验（CM）	草案计划（2013）	√	暂缓	暂缓	—	—
细胞毒性：兔角膜衍生细胞试验（SIRC CVS）	—	—	ICATM 接受（JaCVAM 验证）	正在进行	—	—
鸡胚绒毛膜尿囊膜试验（HET-CAM）	—	√	√（由BraCVAM支持验证）	—	—	—
红细胞溶血试验（RBC）	—	—	√	—	—	—
中性红摄取（NRR）	—	—	√	—	—	—
OptiSafe半透膜法	—	正在进行	ICATM 接受（ICCVAM 验证）	—	—	—

注：√：该方法已被法规采纳；数据截至2019年。

2.皮肤刺激性/腐蚀性试验

目前，OECD认可的皮肤刺激性/腐蚀性的替代试验只有3类：大鼠经皮电阻试验（TER）、体外皮肤刺激性/腐蚀性的重组人表皮模型试验（RHE）和体外皮肤腐蚀性膜屏障试验。其中人工皮肤模型类试验使用体外培养的人永生化细胞系，模拟表皮和真皮的生理结构进行培养，所以结果与人体测试结果的相关度较高，被国际上广泛认可。多数化妆品企业选择皮肤模型在产品研发阶段进行安全性和功能评价的检测以及质量控制。OECD的标准中认可的皮肤模型有：Episkin、EpiDerm、SkinEthic、EpiCS和LabCyte EPI-MODEL 24。但人工皮肤模型存在培养和运输时间长、成本高、货架期短等问题，OECD认可的模型大部分是国外生产的。随着模型方法的推广以及国内日益增多的检测需求，我国也自主研发了针对我国消费者皮肤健康设计的体外培养模型，Episkin模型也在国内建立了生产研发中心，满足国内开展检测的要求。体外皮肤腐蚀性膜屏障试验利用市售的Corrositex®检测试剂盒检测，用于评价化妆品原料的腐蚀性。大鼠经皮电阻试验方法（TER）可以满足评价皮肤腐蚀性的需要，但其试验材料取自实验大鼠的背部皮肤，因此该方法是对传统动物实验的优化，不能满足化妆品动物实验禁令的法规要求，该方法于2017年纳入我国《化妆品安全技术规范》，作为化妆品用化学原料皮肤腐蚀性的检测方法。皮肤刺激性/腐蚀性替代方法收录情况见表1-5。

表1-5　皮肤刺激性/腐蚀性替代方法收录情况

方法名称	OECD	ICCVAM	EURL-ECVAM	JaCVAM	KoCVAM	化妆品安全技术规范
大鼠经皮电阻试验（TER）	OECD TG 430 2015	√	√	正在进行	√	√
体外皮肤腐蚀性重组人表皮模型试验（RHE-SCT）	OECD TG 431 2016（Episkin、EpiDerm、SkinEthic、EpiCS）	√	√	√（已验证Vitrolife-Skin；正在验证LabCyte EPI）	—	—
体外皮肤刺激性重组人表皮模型试验（RHE-SIT）	OECD TG 439 2015（Episkin、EpiDerm、SkinEthic、LabCyte EPI-MODEL 24）	√	√	√	√	—
体外皮肤腐蚀性膜屏障试验	OECD TG 435 2015（Corrositex）	√	√	正在进行	—	—

注：√：该方法已被法规采纳；数据截至2019年。

3.皮肤致敏性试验

皮肤致敏性的替代试验主要有OECD于2010年发布的一系列小鼠局部淋巴结细胞试验（LLNA、LLNA：DA、LLNA：BrdU-ELISA），2015年新增加了的两个体外方法——体外致敏性KeratinoSens试验（KeratinoSense）和直接多肽反应试验（DPRA），2016年又将人细胞系h-CLAT法、IL-8 Luciferase法和Myeloid U937法汇总为同一个标准（OECD 442E）发布。在体外检测方法出现以前，小鼠局部淋巴结试验（LLNA）是最为普遍使用的致敏性检测的替代方法，但其试验材料为小鼠的淋巴结细胞，因此该系列方法被认为是对传统动物实验的优化。在科学家的不断努力下，已有很多关于过敏反应毒性机制的研究，2015年之后新增的检测方法均是基于过敏反应机制AOP途径中的关键事件检测开发的替代方法，经过验证后作为体外检测方法发布。此外，OECD于2019年发布了以流式细胞仪进行检测的LLNA：BrdU-Flow Cytometry方法，作为LLNA：BrdU-ELISA方法的补充。2019年，我国《化妆品安全技术规范》中纳入了3项替代方法，分别是LLNA：DA、LLNA：BrdU-ELISA和DPRA。皮肤致敏性替代方法收录情况见表1-6。

表1-6　皮肤致敏性替代方法收录情况

方法名称	OECD	CCVAM	EURL-ECVAM	JaCVAM	KoCVAM	化妆品安全技术规范
局部淋巴结细胞试验（LLNA、rLLNA）	OECD TG 429 2010	√	√	√（rLLNA）	√	—
局部淋巴结细胞试验（LLNA：DA）	OECD TG 442A 2010	√	√	√	√	√
局部淋巴结细胞试验（LLNA：BrdU）	OECD TG 442B 2019（ELISA、Flow Cytometry）	√	√	√	√	√（ELISA）
化学致敏测试方法——基于AOP中与蛋白质共价结合的关键事件	OECD TG 442C 2019（DPRA、ADRA）	√	√	√	√	√（DPRA）
体外致敏测试方法——ARE-Nrf2 Luciferase报告基因检测法	OECD TG 442D 2019（KeratinoSense、LuSens）	√	√	√	√	—
体外致敏测试方法——基于AOP中树突细胞激活反应的关键事件	OECD TG 442E 2018（h-CLAT）	√	√	√	—	—
	OECD TG 442E 2018（U-SENS）	√	√	正在进行	—	—
	OECD TG 442E 2018（IL-8 Luc）	√	√	即将开始	—	—
体外皮肤过敏性：Sens-IS	OECD TG 2016计划	—	正在进行	—	—	—
体外皮肤过敏性基因组过敏原快速检测法（GARDskin）	OECD TG 2016计划	—	正在进行	—	—	—
亲水性过敏原筛选法（EASA）	—	正在进行	ICATM接受（ICCVAM验证）	—	—	—

注：√：该方法已被法规采纳；数据截至2019年。

4.皮肤光毒性

国际上普遍认可的皮肤光毒性体外试验为 3T3 细胞中性红摄取试验（3T3 NRU），该方法也于2016年底纳入我国《化妆品安全技术规范》，作为化妆品用化学原料光毒性的体外检测方法。除此之外，JaCVAM还发布了2个试验方法：活性氧试验（ROS）和酵母红细胞试验（Yeast-RBC），其中活性氧试验（ROS）于2019年收录于OECD的指南中。目前，还没有其他国家和地区验证或发布酵母红细胞试验。皮肤光毒性替代方法收录情况见表1-7。

表1-7　皮肤光毒性替代方法收录情况

方法名称	OECD	ICCVAM	EURL-ECVAM	JaCVAM	KoCVAM	化妆品安全技术规范
3T3细胞中性红摄取试验（3T3 NRU）	OECD TG 432 2019	√	√	√	√	√
活性氧试验（ROS）	OECD TG 495 2019	—	ICATM接受（JaCVAM验证）	√	—	—
酵母红细胞试验（Yeast-RBC）	—	—	—	暂缓	—	—

注：√：该方法已被法规采纳；数据截至2019年。

5.皮肤吸收试验

皮肤吸收率是化妆品安全风险评估中评价暴露量的重要参数之一，对化妆品原料及产品的安全风险评估具有重要意义，我国的化妆品安全技术规范中尚未包括这类试验。现国际上使用的该方法都是通过检测放射性同位素的渗透量来评估被测物质的吸收量（OECD TG 428），体外试验采取离体的人源皮肤（志愿者捐赠）或动物（例如猪）的皮肤来进行评估。

6.急性毒性试验

OECD认可的急性毒性试验方法有固定剂量程序法（FDP）、上下程序法（UDP）、急性毒性分类法（ATC）以及Balb/c 3T3细胞法和NHK细胞法。前3个方法虽仍需要使用实验动物，但大大减少了实验动物的使用量，而后2个试验是基于细胞毒性的体外试验方法。OECD早在2002年就已删除了传统的以死亡为毒理学终点检测半数致死量（LD_{50}）的方法。在化妆品安全性评价中，急性毒性试验的结果主要作为化妆品原料毒性分级、标签标识以及确定亚慢性毒性试验和其他毒理学试验剂量的依据。根据暴露途径划分，化妆品中可能涉及的主要为经口、经皮和吸入暴露。急性毒性替代方法收录情况见表1-8。

表1-8　急性毒性替代方法收录情况

方法名称	OECD	ICCVAM	EURL-ECVAM	JaCVAM	KoCVAM	化妆品安全技术规范
急性毒性分类法（Acute Toxic Class）	OECD TG 423 2002	√	√	—	√	—
固定剂量法（Fixed Dose Procedure）	OECD TG 420 2002	√	√	—	√	—
上下法增减剂量法（Up-and-Down）	OECD TG 425 2008	√	√	—	√	√
体外细胞毒性：3T3中性红摄取法（Balb/c 3T3）	OECD GD 129 2010	√	√	—	—	—
体外细胞毒性：人角质细胞中性红吸收法（NHK NRU）	OECD GD 129 2010	√	√	√	—	—
体外细胞毒性3T3中性红摄取：识别$LD_{50} \geqslant 2000mg/kg$	—	—	√	正在进行	—	—
体外重建人工肺上皮模型用于检测急性吸入毒性（EpiAirway）	—	正在进行	ICATM接受（ICCVAM验证）	—	—	不要求

注：√：该方法已被法规采纳；数据截至2019年。

7.遗传毒性试验（致癌性、致畸性及致突变性）

遗传毒性的替代试验有Ames试验（微生物试验）、体外染色体畸变试验（OECD TG 473）、体外微核试验（OECD TG 487）、彗星试验（Comet Assay）、基因突变试验（OECD TG 476、OECD TG 490）和细胞转化试验等。在化妆品的安全评价中，遗传毒性试验一般是用于评价化妆品原料以及染发（不含涂染型暂时性产品，如可冲洗掉的染料）、育发、美乳、健美类特殊用途化妆品遗传毒性的检测。遗传毒性（致癌、致畸和致突变性）替代方法收录情况见表1-9。

表1-9　遗传毒性（致癌、致畸和致突变性）替代方法收录情况

方法名称	OECD	ICCVAM	EURL-ECVAM	JaCVAM	KoCVAM	化妆品安全技术规范
细菌回复突变试验（Ames）	OECD TG 471 1997	√	√	√	√	√
体外微核试验（In Vitro Micronucleus）	OECD TG 487 2016	√	√	√	—	—

续表

方法名称	OECD	ICCVAM	EURL-ECVAM	JaCVAM	KoCVAM	化妆品安全技术规范
体内彗星试验 （In Vivo Comet Assay）	OECD TG 489 2016	√	√	√	—	—
体外彗星试验 （In Vitro Comet Assay）	—	暂缓	ICATM接受（JaCVAM验证）	暂缓		
体外染色体畸变试验 （In Vitro Mammalian Chromosomal Aberration Test）	OECD TG 473 2016	√	√	√		√
体外哺乳动物细胞基因突变试验：胸苷激酶基因（In Vitro Mammalian Cell Gene Mutation Tests Using the Thymidine Kinase Gene）	OECD TG 490 2016	√	√	√		√
体外哺乳动物细胞基因突变试验：Hprt及xprt基因（In Vitro Mammalian Cell Gene Mutation Tests using the Hprt and xprt genes）	OECD TG 476 2016	√	√	√	—	√
体外微核试验人工皮肤模型法	—	—	正在进行	—	—	—
叙利亚仓鼠细胞体外转化试验（SHE CTA）	OECD GD 214 2015	—	√	正在进行	—	
Bhas 42细胞体外转化试验（CTA）	OECD GD 231 2016	—	√	正在进行		

注：√：该方法已被法规采纳；数据截至2019年。

四、我国体外替代方法的相关法规要求

我国替代方法的研究起步相对较晚。在参考国际上较为成熟的体外替代试验方法的基础上，我国很多研究机构开展了替代方法的研究工作。在尊重保护动

物福利原则的基础上，我国在化妆品领域积极推进替代方法的研究和应用。2010年，原国家食品药品监督管理局（SFDA）发布了《化妆品中可能存在的安全性风险物质评估指南》，明确了化妆品中可能存在的安全性风险物质的风险评估程序及风险评估资料要求等。2013年12月，原国家食品药品监督管理总局发布了《关于调整化妆品注册备案管理有关事宜的通告》（2013年第10号通告），明确国产非特殊用途化妆品"风险评估结果能够充分确认产品安全性的，可免予产品的相关毒理学试验"，积极引导企业通过安全风险评估确保产品质量安全，减少终产品的毒理学试验。2015年，原国家食品药品监督管理总局起草了《化妆品安全风险评估指南》（征求意见稿），用于规范和指导开展化妆品风险评估工作。

2016年11月，原国家食品药品监督管理总局将《化妆品用化学原料体外3T3中性红摄取光毒性试验方法》作为第18项毒理学试验方法纳入《化妆品安全技术规范》（2015）中，标志着动物替代试验方法正式进入了我国化妆品技术法规体系。随后，大鼠经皮电阻试验方法也于2017年纳入到《化妆品安全技术规范》（2015）中，作为化妆品原料皮肤腐蚀性的体外检测方法。

第五节 我国化妆品安全监管现状及存在的问题

一、我国化妆品行业概况

改革开放以来，随着国民经济的持续增长和人民生活水平的日益提高，我国化妆品行业也得到了蓬勃发展，化妆品工业一直保持两位数的年增长率。据不完全统计，2015年我国化妆品消费市场年销售额已达到约7000亿元（包括传统市场、电商平台和专业美容美发）。我国已成为继美国之后的全球第二大化妆品消费市场。据第三方统计数据显示，我国的人均化妆品消费额在全球范围内仍然相对偏低，表明我国化妆品市场潜力仍然巨大，化妆品行业仍有很大的发展空间。

截至2016年底，我国持有化妆品生产许可证的化妆品生产企业约3300余家。绝大多数分布在东南沿海珠三角及长三角经济区域，其中又以产值规模不大的中小型企业类型为主。这体现了我国化妆品行业发展的特点，即企业数量多，规模小，行业发展水平参差不齐。

二、我国化妆品安全监管

在化妆品行业发展的同时，为了确保化妆品使用安全，我国化妆品监管法规体系也逐步建立完善。1989年，国务院颁布了《化妆品卫生监督条例》（1990年

1月1日起施行），1991年原卫生部颁布了《化妆品卫生监督条例实施细则》，标志着我国的化妆品监督管理进入了法制化管理的轨道。

2008年9月，化妆品卫生监督职能由原卫生部移交原国家食品药品监督管理局。监管部门根据《化妆品卫生监督条例》等相关规定，先后出台了《化妆品行政许可申报受理规定》《化妆品行政许可检验管理办法》《化妆品技术审评要点和化妆品技术审评指南》《化妆品安全性风险物质风险评估指南》《化妆品命名规定》《化妆品新原料申报与审评指南》《儿童化妆品申报与审评指南》《国产非特殊用途化妆品备案管理办法》等一系列重要规范性文件，对化妆品行政许可和备案管理进行了统一规范，进一步优化化妆品技术审评机制，促进化妆品企业主体责任的落实。同时，组织开展化妆品禁限用物质检测方法的研究制订工作，启动化妆品监督管理条例和化妆品卫生规范的修订工作。

2013年5月，化妆品卫生监督管理和生产环节、流通环节的监管职能一并划入原国家食品药品监督管理总局。总局着力加强化妆品市场监管力度，规范化妆品注册和备案管理，引导促进行业整体水平进一步提升。结合行业实际，调整国产非特殊用途化妆品备案管理方式，由原来企业向省级食品药品监管部门提交纸质备案资料，调整为通过网上提交电子化备案资料，同时简化备案资料要求，鼓励生产企业通过安全风险评估的方式对产品进行安全性评价，明确经安全风险评估可以确认产品安全性的，可免予毒理学项目的检测。推进化妆品原料管理，整理发布已使用化妆品原料名称目录，收集了8783种我国已上市化妆品中使用的原料名称目录，为化妆品新原料的判定提供了参考依据。研究起草化妆品风险评估指南征求意见稿，并公开征求意见。完成了化妆品卫生规范的修订，发布了《化妆品安全技术规范》（2015）。向国务院报送了《化妆品监督管理条例》（修订案送审稿），该送审稿已由国务院法制办公室组织向社会公开征求意见。

目前，我国在对化妆品生产企业管理、产品安全技术管理、上市前注册备案管理、上市后监督检验管理等方面均建立了相应的法规管理要求。经过30年的实践探索与国际交流沟通，我国的监管理念也逐渐由此前的注重产品卫生质量转移到关注全过程的产品质量安全，由侧重于上市前的许可管理逐步转向事中事后的市场监管。随着从强调政府监管职能到强调企业主体责任的意识转变，化妆品行业的整体能力水平也正在逐步提升。

三、我国在化妆品安全评价方面仍然存在差距

基于风险评估的化妆品安全评价方式，是建立在较为完善的技术支撑体系和较强的行业发展水平之上的。我国化妆品行业发展起步相对较晚，技术支撑能力相对薄弱，行业整体水平不高，在贸易全球化、自由化发展的趋势下，国际上对

我国仍然采用传统毒理学试验进行化妆品安全性评价的方式提出质疑，另外，我国采用传统毒理学试验也面临着众多挑战。首先，完成一种化学物质的全部试验不仅需要大量的实验动物、试验周期长，而且饲养动物的环境设施、营养供给、动物福利要求高，耗资巨大；其次，毒理学研究的受试物处理过程常对动物机体造成痛苦甚至导致其生命的丧失；再次，通常测定单一化学物耗资，与实际接触多为复合型物质的情形相比，预测准确性时常受到科学界严峻的质疑。由此逐渐暴露出来的传统毒理试验的缺点和局限性，促使人们无论从科学角度、伦理角度还是经济角度考虑，需要更多的研究来改进毒理学等方面的试验设计和效果。

一直以来，我国对3R原则持积极的态度，并致力于推动化妆品安全性风险评估的应用。原国家食品药品监管总局组织开展了一系列较为成熟的化妆品替代方法的研究验证工作，先后发布了化学原料体外3T3中性红摄取光毒性试验方法、化妆品用化学原料皮肤腐蚀性大鼠经皮电阻试验方法等替代方法，纳入化妆品安全技术规范中。目前我国也正在进一步开展适合化妆品行业特点和实际需求的相关替代方法的试验和研究。但是，由于替代方法自身的局限性，试验材料可及性方面仍存在一定障碍，为保障消费者健康权益，在替代方法无法满足监管需求时，需以可以满足监管需求的检测方法进行安全性评价。同时，鉴于我国化妆品生产企业主要以中小规模企业为主，且绝大多数企业发展时间不长，在技术领域的积累仍有较大差距，对科学的化妆品安全性评估手段还需要一段时间的学习、了解与实践，对国际前沿的一些替代方法需要进一步研究验证。

参考文献

［1］张庆生，王钢力.《化妆品安全技术规范》［M］.北京：人民卫生出版社，2017.

［2］王钢力，张庆生.全球化妆品技术法规比对［M］.北京：人民卫生出版社，2018.

［3］Rogiers V, Pauwels M.Safety assessment of cosmetics in Europe［M］.Current Problems in Dermetology，2008.

第二篇
化妆品安全性评价程序及方法

第二章　化妆品安全评价的理论介绍

第一节　概　述

为保障化妆品消费者使用安全，化妆品投放市场前需要具有相应能力的安全风险评估人员对其进行安全性评价。化妆品的安全性评价是基于化妆品中所有原料和风险物质（风险物质可能由化妆品原料、包装材料及化妆品生产、运输和存储等过程中产生或带入），利用现有的科学数据和相关信息对化妆品中危害人体健康的已知或潜在的不良影响进行科学评价，有效反映出化妆品的潜在风险。

化妆品安全性评价方法中的毒理学检测按照不同的毒理学终点划分，包括急性毒性、皮肤刺激性/腐蚀性、急性眼刺激性/腐蚀性、致敏性、光毒性、致突变性/遗传毒性、慢性毒性、发育和生殖毒性、致癌性等试验。随着科学技术的发展和保护动物福利的需求，目前研究者已开发出多种有效的替代试验方法，例如大鼠透皮电阻试验（TER）、牛眼角膜渗透性通透性试验（BCOP）、人工皮肤模型、人工角膜模型、局部淋巴结试验（LLNA）、直接多肽反应（DPRA）、3T3皮肤光毒性等，用于预测化妆品原料及配方的安全性。但对于一些特殊的化妆品原料如动植物性提取物、纳米材料等，因其独特的理化性质，毒理学资料仍不完善，安全性评估方法、手段仍需更进一步完善。因此，目前仍需要针对原料的特性开发出适合不同原料的安全性评价方法。

化妆品安全性评价程序分为：①危害识别：是基于毒理学试验、临床研究、不良反应监测和人类流行病学研究的结果，从原料或风险物质的物理、化学和毒理学本质特征来确定其是否对人体健康存在潜在危害。②剂量–反应关系评估：用于确定原料或风险物质的毒性反应与暴露剂量之间的关系，分为有阈值原料和无阈值致癌物两种。对于有阈值原料，需要进行未观察到有害作用剂量（NOAEL）或观察到有害作用的最低剂量（LOAEL）的测定，如不能获得NOAEL、LOAEL值，也可用基准剂量（BMD）值代替；对于无阈值致癌物，可用剂量描述性来确定。③暴露评估：通过对化妆品原料或风险物质暴露于人体的部位、强度、频率以及持续时间等的评估，确定其暴露水平。暴露评估时应充分考虑化妆品的使用部位、使用量、使用频率、使用方式等相关因素。④风险特征描述：指化妆品原料或风险物质对人体健康造成损害的可能性和损害程度，可通过计算安全边界值（MoS）、剂量描述参数（T_{25}）或国际公认的致癌评估导则等方式进行描述。

毒理学关注阈值（Threshhold of Toxiclogical Concern，TTC）也是风险评估中常用的概念，TTC是指在对大量化学物的化学结构特征和相关毒理学数据分析的基础上，为不同类别化学物的人体暴露水平建立的一个安全阈值：如果摄入量低于该阈值，就可以预测其不会对人体健康造成危害。TTC方法是近年来发展的一种新的风险评估方法，已被应用于食品包装材料（仅在美国）、食品添加剂、药品中的遗传毒性物质、地面水中的农药代谢物的风险评估。从科学前景看，TTC方法可用于化妆品的安全性评价，但目前仍需要进一步开发、验证现有的数据库。

在化妆品的安全性评价过程中，可使用已有的、公开报道的或相关行业的毒理学数据和信息，但要对获得的现有数据和信息的相关性、可靠性及适用性进行评价，以确定数据的质量和完整性是否符合安全性评价的要求。当获得的相关数据和信息较多时，应遵循证据权重的原则进行筛选。

美国环境保护署（EPA）提出了"下一代风险评估"（The Next Generation of Risk Assessment，NexGen）的项目计划，目的是开创分子生物学和系统生物学最新进展与风险评估工作相结合，研究如何将目前正在开发的新方法和新数据用于危害识别和剂量反应评估中，并期望最终成功的纳入更快速、低廉和准确评估公共健康风险的新方法。NexGen计划是EPA的化学安全可持续发展研究计划的一部分，该计划研究结果将作为可持续评估工具，为可持续决策提供重要的信息和投入，从而提高从社会、环境与经济指标全方位分析替代决策选项对当前和今后影响的能力，也许这将为风险评估带来新的变革。

第二节　化妆品安全性研究方法

尽管各国法规不完全相同，对化妆品的管理体制不同，对化妆品产品的界定范围也不同，但对化妆品安全性保证都包括从原料到成品，从生产到销售的每个环节。在各国的化妆品法规以及评价指南中，化妆品的安全性都被认为必须要基于对原材料的安全性评估。化妆品原材料和其他化学品在本质上并无不同，所以针对一般化学品或者药品的毒理学研究方法也适用于对化妆品原材料的毒理学研究，这是对化妆品进行安全性评价的前提。化妆品的安全性问题往往是因为一些原料或原料内杂质的引入而导致的。因此，化妆品的安全评价必须要在掌握各原材料的成分信息和毒理学终点的基础上，充分评估各原材料及风险物质的安全性。

一般来说，毒理学的研究方法包括整体动物实验、离体或体外试验、人体

（临床）试验和流行病学人群研究。整体动物实验通常也被称为体内实验，以实验动物为研究模型，通过研究实验动物接触外源化学物后产生的毒理学效应，预测外源化学物可能对人体产生的危害。试验多采用哺乳动物（啮齿类和非啮齿类），个别情况下，也采用水生生物和鸟类等。动物实验的优点有：可严格控制暴露条件，可检测多种类型的毒理学效应，相对而言结果较易外推至人等。

离体或体外试验通常采用废弃组织、游离器官、体外培养的细胞或细胞器作为研究模型，进行毒理学研究。离体或体外试验系统更容易标准化，影响因素较少，在化学物的毒性筛选以及毒作用机制研究方面具有更大的优越性。但是其缺乏动物体内的毒代动力学过程和整体调控，针对系统毒性或者多个组织/器官参与的毒理学效应尚无较好的试验模型。

人体（临床）试验主要通过招募受试者设计和开展在规定的暴露条件下，不损害人体健康的临床实验。其数据的说服力很强，但是考虑到伦理学的要求，对试验开展的要求非常严格。在化妆品安全评价领域中，由于化妆品为人体健康相关性产品，日常使用频率高，其安全性要求也高，可靠结果的参考性强，因此人体试验的应用较为普遍。

流行病学调查可以针对在环境中已存在的外源化学物或偶然发生的意外事故，对人群进行调查。流行病学研究可从对人群的直接观察中，取得动物实验所不能获得的资料，其结果对确定人体受损害作用具有重要的参考价值。利用流行病学方法不仅可以研究已知环境因素对人群健康的影响（从因到果），而且还可以逆向探索已知疾病的环境病因（从果到因）。此外，化妆品上市后的不良反应监测数据，也是重要的安全性数据来源，分析并追踪调查不良反应，可持续不断地修正产品及其原料的安全性资料。

一、毒理学评价

根据毒理学作用部位、毒性机制以及毒理学反应或效应的不同，毒性作用可以被划分为不同的种类，每一个种类被认为是一个毒理学终点。在评价一个化学物质的潜在毒性时，需要通过一系列针对不同毒理学终点的检测，收集完整的毒理学资料。

1.急性毒性

急性毒性是用来描述特定化学物质单次剂量（即在24小时内单次接触或多次接触）的暴露导致人体的不良反应。接触途径包括口服、皮肤接触或吸入（欧洲化学品管理局，2015年）。

急性毒性数据主要是为满足化妆品原料分级和标签标识的法规管理要求，可为确定亚慢性毒性试验和其他毒理学试验剂量提供参考依据。传统的急性毒性检测是以死亡为终点，通过检测推算化学物的LD_{50}值，对化学物质的急性毒性进行分级。传统的急性毒性检测虽然可直观地观察到实验动物的各种病理指标和精确的致死剂量，但试验不符合动物福利的考量。因此，国际上流行的研究方式是参考已有化学物质的急性毒性数据，提供重要的证据方法，例如从化学分组/交叉参照（Read Cross）、定量构效关系、体外研究或重复剂量毒性研究中得出正确结论即可，不强制要求开展新的试验。根据暴露途径的不同，急性毒性的研究方法主要包括急性经口、急性经皮和急性吸入毒性试验，我国《化妆品安全技术规范》仅包含急性经口和急性经皮毒性试验。

（1）急性经口毒性　最初开发的体内急性经口毒性试验是用于测定化学物质的LD_{50}值，并以此对化学物质进行分级。传统的急性经口毒性试验，通常设定3~5个剂量组，每组涉及5~10只动物（OECD TG 401），以死亡为终点进行检测。但这种方法已被以下3种方法替代。

①固定剂量方法（OECD TG 420）：该方法不再以死亡作为试验终点，而是把不会导致死亡、给动物带来明显的疼痛或痛苦的剂量作为限度标准，提高了动物福利。

②急性毒性分类法（OECD TG 423）：该方法确定了预期会致死的一系列暴露剂量，测试遵循复杂的阶梯式剂量的方案进行，以观察到死亡为终点。由于不同剂量组是以阶梯形式而非同时进行，因此使用该方法的优点是可减少实验动物的数量。

③上下法增减剂量法（OECD TG 425）：该方法通过估计LD_{50}值和置信区间进行检测，同样显著减少了实验动物的数量。

（2）急性经皮毒性　尚未建立有效的体内急性经皮毒性检测（OECD TG 402）的替代方案，只有一项有关固定剂量检测的方法（OECD TG 434）。

（3）急性吸入毒性　传统的急性吸入毒性检测方法（OECD TG 403）于1981年制订，并于2009年根据科学进步、监管需求和动物福利需求的变化进行修订（OECD TG 403）。此外，优化的检测方法（OECD TG 436）描述了吸入途径的急性毒性分级法，还有一项吸入途径的固定剂量检测方法（OECD TG 433）。

2.刺激性/腐蚀性

（1）皮肤刺激性/腐蚀性　皮肤刺激性（Dermal Irritation）是指皮肤涂敷受试物后局部产生的可逆性炎性变化。皮肤腐蚀性是指皮肤涂敷受试物后局部引起的不可逆性组织损伤。皮肤刺激性/腐蚀性试验是将受试物一次（或多次）涂敷于受试动物的皮肤上，在规定的时间间隔内，观察动物皮肤局部刺激作用的程度并进行评分，采用自身对照，以评价受试物对皮肤的刺激作用。

在我国，新开发的化妆品原料及新研发的化妆品产品，在投入使用前或投放市场前，需进行皮肤刺激性/腐蚀性试验。《化妆品安全技术规范》中，皮肤刺激性/腐蚀性试验分为急性皮肤刺激性/腐蚀性试验和多次皮肤刺激性/腐蚀性试验。一般每天使用的化妆品需进行多次皮肤刺激性/腐蚀性试验，通常包括非特殊用途化妆品中的护肤类（即洗型除外）、彩妆类和特殊用途化妆品中的育发类、美乳类、健美类、除臭类、祛斑类、防晒类。间隔使用或用后冲洗的化妆品需进行急性皮肤刺激性/腐蚀性试验，通常包括非特殊用途化妆品中的即洗型护肤类、发用类、指（趾）甲类（修护和涂彩型除外）、芳香类和特殊用途化妆品中的烫发类。进行多次皮肤刺激性/腐蚀性试验的不再需要进行急性皮肤刺激性/腐蚀性试验。

对于皮肤腐蚀性检测，目前国际上有三种经过验证的替代检测方法，分别是：①大鼠经皮电阻试验（TER）：在该试验中，使用离体的大鼠皮肤作为测试系统以其透皮电阻值作为检测指标（OECD TG 430），如果皮肤被腐蚀，屏障功能被破坏，透皮电阻值会显著降低。②重组人表皮模型试验（RHE）：该测试方法包括四个商业化人体皮肤模型，即EpiSkin、EpiDerm SCT（EPI-200）、SkinEthic RHE和epiCS，它们均为体外重建培养的人体表皮细胞模型。以皮肤模型的细胞活力作为检测指标（OECD TG 431），如果皮肤模型被腐蚀，则细胞活力下降。③体外膜屏障试验：该方法是Corrositex®试剂盒的测试方法（OECD TG 435）。

对于皮肤刺激性检测，目前国际上仅有一种体外替代方法，即RHE（OECD TG 439），其中也包括四个商业化人体皮肤模型：Episkin、EpiDerm、SkinEthic和LabCyte EPI-MODEL 24，检测指标同样为细胞活力测试。为了获得更好的灵敏度，同时保持相似的特异性，TG 439中提出了第二个检测指标——白细胞介素-1α（IL-1α）的产生。SCCS发现重建人体表皮模型刺激性检测方法有助于化妆品原料的筛选，由于体外检测方法相较于动物实验更为敏感，可以用于筛选更温和的原料。

对于具有还原性的物质、氧化型染发剂和着色剂等原料，由于其自身的理化性质，可能会对细胞毒性检测指标造成干扰（SCCS/1392/10），因此在检测时，需采取必要的手段消除颜色或氧化还原性质对细胞活力测试（MTT法）造成的干扰，例如在定量之前进行HPLC分离，增加死亡模型对照等措施。

此外，某些原料在高浓度时可能具有腐蚀性，比如氢氧化钾，但是如果综合考虑到氢氧化钾在化妆品中的最终浓度、终产品的pH值、产品配方中是否存在"中和"氢氧化钾的物质、所用赋形剂、接触途径、使用条件等，在终产品中不得对人体健康产生危害。

（2）眼刺激性/腐蚀性　眼刺激性（Eye Irritation）是指眼球表面接触受试物后所产生的可逆性炎性变化。眼腐蚀性（Eye Corrosion）是指眼球表面接触受试物后引起的不可逆性组织损伤。

　　我国化妆品新原料及化妆品产品，在投放市场前，且在实际应用中与眼睛接触可能性较大时，需进行急性眼刺激性/腐蚀性试验。通常包括非特殊用途化妆品中的易触及眼睛的护肤类和发用类（免洗型除外）、眼部彩妆类（描眉除外）和特殊用途化妆品中的育发类、染发类、烫发类。

　　急性眼刺激性/腐蚀性试验是将受试物以一次剂量滴入每只实验动物（家兔）的一侧眼睛结膜囊内，以未作处理的另一侧眼睛作为自身对照。在规定的时间间隔内，观察对动物眼睛的刺激和腐蚀作用程度并评分，以此评价受试物对眼睛的刺激作用。试验方法分为冲洗（针对用后冲洗的产品）和不冲洗，冲洗又分为30s（洗面奶、发用品、育发冲洗类产品）和4s（染发剂类产品）冲洗。

　　对于严重眼损伤测试和/或不根据眼刺激或严重眼损伤进行分类的化学物质的鉴定，目前有三类替代检测方法，具体方法如下。

　　①离体组织类试验方法：包括BCOP，用于测试某种受试化学品使离体牛角膜变浑浊和发生渗透的能力（OECD TG 437）。离体鸡眼试验（ICE）测试方法，用于评估某种受试化学品在离体鸡眼中诱导毒性的能力（OECD TG 438）。最近，欧盟国际肥皂、洗涤剂和日用品协会（AISE）提出将组织病理学评估作为ICE的附加检测指标，以评估一些特定产品，如洗涤剂和清洁产品。这两种测试方法都能够识别：a.可引起严重眼损伤的化学物质（根据联合国GHS定义"第1类"）；b.不需要根据眼刺激或严重眼损伤进行分类的化学品（根据联合国GHS定义"无类别"）。此外，还有另外两种离体组织的分析方法，即离体兔眼（IRE）试验和鸡胚绒毛膜尿囊膜试验（HET-CAM或CAMVA），但未作为OECD指南实施。不过，这两种方法仍可为确认眼刺激性提供支持性证据。

　　②基于细胞毒性和细胞功能的体外测试方法：包括兔角膜上皮细胞体外短时间暴露试验（STE），通过测量兔角膜细胞系的细胞毒性作用来评估化学品的眼刺激潜能（OECD TG 491）。STE可用于鉴定需要根据严重眼损伤进行分类的化学物质（第1类）和不需要根据眼刺激或严重眼损伤进行分类的化学物质。然而，STE在被用于除表面活性剂以外的高挥发性化学物质和不易溶解的固体化学品测试方面存在缺陷。荧光素渗漏试验（FL），通过在可渗透性嵌入物上培养的MDCK狗肾细胞的上皮单层（OECD TG 460）增加荧光素钠的渗透性来测量受试物短时间暴露接触后的毒性作用。FL可作为有关严重眼刺激物（第1类）的监管分类和标记的分层测试策略的一部分，但仅限于有限类型的化学物质（即不包括水溶性物质和混合物、强酸和强碱、细胞固定剂和高挥发性化学物质）。

　　EURL-ECVAM于2009年对细胞传感器微生理仪试验（CM）测试方法进行了验证，该测试方法是在使用pH计的传感器室中培养的单层融合小鼠L929成纤维细胞层上进行的，pH计的作用是检测酸度的变化。有关使用此类方法作为识别眼睛腐蚀性和严重刺激性化学品（第1类）和不引发眼睛刺激分类的化学品的分层测试策略一部分的草案，尚未获得OECD指南的认可。CM方法不能预测潜在的轻微眼刺激性，且仅适用于水溶性化学物质（单一物质和混合物）以及在检测周期内可保持均匀性的非水溶性固体、黏性化学品或悬浮液。欧盟ESAC（SCCS的科学评估委员会）也对中性红释放法、荧光素渗漏和红细胞溶血试验进行了回顾性验证和同行评议（ESAC 2009）。

　　基于重建人体组织（RhT）的测试方法：重建类人角膜上皮（RhCE）模型方法（OECD TG 492），通过MTT测试细胞活力来评价受试物的眼刺激性。现行的OECD指南包括用于测量甲瓒形成的HPLC/UPLC技术，还包含针对通过直接还原MTT或可能对MTT-甲瓒测量产生干扰（颜色干扰）的化学物质的检测措施。RhCE模型可作为检测不需要根据眼刺激或严重眼损伤进行分级和运输标记的化学物质的体外检测方法，缺点是不能对眼刺激进行分级。目前，指南包括四种商业化人源性表皮角化细胞模型：EpiOcular、SkinEthic、LabCyteCORNEA和MCTT HCE。

　　2019年，OECD指南公布了一项新的用于测试眼刺激性的方法——Vitrigel EIT法，该方法原理是通过在体外培养人角膜上皮细胞，形成类似角膜上皮结构的模型，以模型的跨膜电阻随时间变化来推测上皮结构模型屏障受损程度。

　　用于测试严重眼损伤和眼刺激试验的替代方法不适合检测轻微眼刺激性。暂时除了单个体外测试不能完全替代整体动物实验外，也没有组合测试可以替代整体动物实验，不过可以采用以下两种眼刺激决策树来进行眼刺激性分析：①单纯对化妆品原料进行危险识别的决策树，其中根据物理化学性质、交叉参照数据、定量构效关系结果和体外眼刺激性数据可被分类为刺激性或非刺激性。需要注意的是，现有的体外模型可能无法对非刺激物质弱刺激物质或中度刺激物进行评级。②对加入化妆品原料的最终配方进行风险评估的决策树，可以通过一种或多种体外眼刺激试验对配方进行测试，所得到的眼睛刺激性与对照试验中所测量的眼睛刺激性进行比较。

　　EURL-ECVAM专家会议（2005年）对眼刺激的检测策略的讨论结果，提出了使用"自下而上"（从能够准确识别非刺激物的测试方法开始）或"自上而下"（从能够准确识别严重刺激物的测试方法开始）进行体外测试的危险识别测试方案。因此，该方法旨在区分非刺激物与严重刺激物，从而将其他的刺激物归类到（轻度/中度）刺激性类别。

3.皮肤致敏性

　　皮肤致敏也被称作过敏性接触皮炎，是一种由T细胞介导的由于皮肤多次重复接触过敏原产生的炎症反应，症状包括红斑、水肿、有时也会伴有丘疹和水疱。由于免疫信号的传导和放大需要一定的时间，皮肤致敏反应一般在变应原接触24~72小时左右发生，故也被称为迟发型过敏反应。皮肤致敏是化妆品常见的不良反应之一，也是消费者最关注的化妆品安全性之一，对皮肤致敏的评估需格外慎重。我国《化妆品安全技术规范》中的皮肤变态反应试验用于化妆品原料及特殊用途化妆品皮肤致敏性的安全性毒理学检测。

（1）局部淋巴结试验（LLNA）（OECD TG 429）　使用近交系的小鼠，基于在测试物质引起的局部淋巴结中淋巴细胞增殖的程度，来判断其致敏能力。结果得到的刺激指数是测试物质在动物中与溶剂处理的对照动物中的淋巴细胞增殖的程度比值。受试物以合适的载体溶解涂于耳朵的背部，并不使用可引起局部皮肤炎症的弗氏佐剂作为免疫增强剂。相关的测试指南还包括2002年ISO指南和2010年更新后的ISO指南。

在2010年经修订的OECD TG 429中，增加了简化版的局部淋巴结试验（rLLNA）。它是局部淋巴结试验的优化，仅使用阴性对照组和高剂量组进行测试。由于只有一个测试剂量，该简化版rLLNA不能用于定量检测化学物质的致敏能力，仅适用于定性分析。与完整版的LLNA相比，该简化版试验可能产生一些假阴性。

同时OECD也发布了2项以非放射性检测手段进行局部淋巴结试验（LLNA）的方案，分别为LLNA：ATP（OECD TG 442A）法和LLNA-ELISA：BrdU（OECD TG 442B）法。ATP法是将三磷酸腺苷（ATP）含量作为淋巴结细胞增殖的生物标志物。ELISA法是以BrdU（5-溴-2-脱氧尿苷）作为检测的生物标志物，通过比色法比色或化学发光免疫测定的方法，可以定量检测淋巴结细胞内的DNA合成。在此基础上，OECD修订了TG 442B，增加了使用流式细胞仪进行检测的方法，即BrdU-FCM法。

局部淋巴结试验是使用小鼠作为模式动物的替代方法，与传统的基于豚鼠的模型相比，该方法具有大大缩短试验周期，提高动物福利，检测结果更加科学客观、检测指标可以量化等优势。

（2）Magnusson Kligman豚鼠最大值试验（GPMT）（OECD TG 406）　是一种佐剂型测试，即通过分别进行皮内注射使用和不使用弗氏完全佐剂的受试物质来增强过敏反应。GPMT的灵敏度与LLNA的灵敏度是相同的。测试结果基于受试物在无刺激性斑贴条件下对皮肤致敏的激发能力。因此，该试验模拟过敏性接触性皮炎的真实过程。可以采用该方法进行重复激发、交叉反应和赋形剂作用的研究。

（3）Buehler测试（OECD TG 406）　是一种非佐剂技术，仅以局部封闭涂皮的方式进行试验。通过预试验获得诱导接触受试物浓度，诱导接触受试物浓度为能引起皮肤轻度刺激反应的最高浓度，激发接触受试物浓度为不能引起皮肤刺激反应的最高浓度。与GPMT相比，该方法敏感度较低。

（4）致敏性有害结局路径（AOP） 是基于目前关于皮肤致敏性/过敏性接触性皮炎机制的认知水平，更具体地说，是基于皮肤致敏发生过程中的五个关键事件（Key Event，KE），针对性地展开检测。这些途径包括：半抗原（主要是化学致敏物与皮肤蛋白质共价结合）、表皮炎症（由表皮角化细胞释放促炎症信号）、树突状细胞活化、树突状细胞迁移（携带树突状细胞的半抗原肽复合物从皮肤到淋巴结的运动）和T细胞增殖。2015年以来，OECD已经通过了几项纯体外检测方法，分别对应半抗原、表皮炎症和树突状细胞活化三个分子事件的检测。在AOP中，针对每一个KE的检测方法相互配合，形成评估整合策略（IATA）。

皮肤致敏直接多肽反应（DPRA）（OECD TG 442C）是用于评估肽链反应的检测方法，该方法测量化学物质与蛋白质（半抗原）结合的能力，来预测产生过敏的可能性。它的原理是检测被试的化学物质是否与赖氨酸和半胱氨酸残基产生化学反应。DPRA不能单独作为替代动物实验的方法，因为DPRA仅覆盖皮肤致敏途径中的一个单一生物学步骤，并且没有完全考虑系统代谢的影响。DPRA信息可能有助于效能评估，仍然需要通过附加检测来确定如何将DPRA结果应用到有关优选使用人体数据的潜在预测的综合方法中。鉴于该测试方法仅涉及皮肤致敏整体机制中的一个单一生物学步骤以及其已知的缺陷，例如在代谢方面考虑不充分和仅检测能与半胱氨酸及赖氨酸反应的化学品，所以建议使用该方法时，结合其他信息源，综合考虑被测物质可能存在的致敏性风险。2019年，OECD对该方法进行了修订，增加了检测氨基酸的方法（ADRA）作为补充。

ARE-Nrf2荧光素酶测试（OECD TG 442D）是用于测量角质细胞炎症反应并确定过敏性物质对Keap1半胱氨酸残基的直接反应，Keap1是用来调控Nrf2表达的，Nrf2-Keap1-ARE调节途径被认为是与潜在皮肤致敏性物质识别最相关的通路之一。在这类针对ARE-Nrf2荧光素酶测试的方法标准中，包含2个检测方法KeratinoSens™和LuSens。

AOP中的另一个关键事件是树突状细胞的激活，OECD于2017年发布了针对树突状细胞活化而设计的检测指南（OECD TG 442E），其中包括3项检测方法：人细胞系活化试验（h-CLAT）、U-SENS™测定法和IL-8 Luc测定法。h-CLAT是由EURL-ECVAM组织验证的方法，原理是通过检测THP-1细胞中CD86和/或CD54表达的水平是否显著性升高来评估化学物质是否具有致敏性。U-SENS™测定法之前被称为MUSST（Myeloid U937 Skin Sensitization Test）测定法，也是EURL-ECVAM组织验证的检测方法，检测原理是通过流式细胞仪测定U937细胞

（人组织淋巴瘤细胞）中的CD86是否被诱导呈显著性升高，从而判断树突状细胞是否被激活。IL-8 Luc测定法是由JaCVAM组织验证的方法，检测原理是通过采用IL-8荧光素酶报告基因转染的THP-1细胞，检测化学物质对IL-8启动子活性的影响。

皮肤致敏领域还有其他新的进展，但这些方法还处于不同的验证阶段，并不完善。比如，过氧化物酶肽反应性测定（PPRA），通过检测前体半抗原的肽反应中的辣根过氧化物酶（HRP）/过氧化氢的酶是否活化，来预测受试物是否存在潜在的致敏性风险。RHE IL-18效能测试，通过检测细胞内IL-18的释放量，区分受试物是否具有致敏作用。基于基因表达的检测方法SENS-IS，通过qRT-PCR的检测方法，分析体外皮肤模型细胞中与刺激性有关的基因组以及两个与致敏性有关的基因组（SENS-IS和ARE）的表达，以鉴别受试物的刺激性和致敏性。表皮致敏测定（EpiSensA），通过测量体外皮肤模型细胞中的ATF3、*DNAJB4*和GCLM基因的表达来预测受试物的致敏性。基于CD86基因表达的流式细胞检测方法作为致敏过程的激活标志物的外周血单核细胞衍生的树突状细胞（PBMDC）测试。基因组过敏原快速检测（GARD）测试方法，是基于转录组学的体外测定，该方法使用人体骨髓性白血病的细胞系MUTZ-3作为体内树突状细胞的体外替代模型，通过快速筛选与过敏相关的上百个基因是否表达，来评价化学物质是否具有致敏性。VITOSENS是通过检测环状腺苷单磷酸应答元件调节剂和单核细胞趋化蛋白-1受体转录物在树突状细胞中的CD34基因差异化表达预测致敏性。这些方法包括但不限于针对AOP关键事件的测定，然而目前尚未有针对KE4，即T细胞增殖活化的体外标准化检测方法。

在预测皮肤致敏性时，除了设计针对AOP通路中关键事件的检测方法外，还可以从一开始的原料筛选阶段入手，通过分析化学原料的理化性质预测其毒性，即定量风险评估（QRA）。SCCS（原SCCP）意见（SCCP/1153/08）中讨论了此评估方法的基本原理，经过改进和验证，该评估方法将来可适用于对新物质的风险评估（SCCS/1459/11）。QRA的评估方式在数据模型建立时，为追求精准的模拟结果，需要大量输入已知参考物质的毒理学数据，尤其是消费者使用的安全性数据，鉴于此，非常有必要搭建一个独立的上市后监测系统来获取消费者使用的安全性数据。为了计算可接受的暴露水平（AEL），可以通过许多安全因素来调整预期不会引起致敏诱导的化学物质的使用量。此外，还需计算消费者暴露水平（CEL），并将该暴露水平值与可接受的暴露水平值进行比较，由此，若风险可接受，则可接受的暴露水平值应大于或等于消费者暴露水平。为了达到可接受的暴露水平值，可从上述不同来源获得有关敏化潜能的信息。未预期致敏诱导等级（NESIL）可能来源于动物和人类数据，因此采用了一些不确定因子（敏化评估因子、水杨基荧光酮）。

4.皮肤光毒性

光毒性是由某些化学物质吸收紫外光或可见光后生成激发态分子以及氧自由基，其激发态作用于靶分子而产生的毒理学效应。皮肤组织在接触光毒性物质并在强光暴露下会产生光源性刺激或者光源性致敏。某些化妆品类别，比如防晒类产品，其使用场景主要特点是长时间阳光暴露，因此一旦危害识别提示物质具有光毒性，则应用这类产品很有可能有健康风险。在我国，新研发的化妆品原料及育发类、美白（祛斑）类、防晒类等特殊用途化妆品产品，在投入使用前或投放市场前，需进行皮肤光毒性检测。

（1）光毒性（光刺激）和光敏性 "3T3中性红摄取光毒性试验（3T3 NRU PT）"（OECD TG 432）是一种经验证的体外方法，通过暴露于与非暴露于非细胞毒性剂量的紫外光/可见光时化学物质的细胞毒性的比较，可预测人体的急性光毒性作用，然而，它不能预测其他光诱导毒性，例如光诱导遗传毒性、光致敏性或光致癌性。在某些情况下，3T3 NRU PT测试可能会产生假阳性结果，在观察到3T3 NRU PT出现假阳性后，可采取措施（例如限制最高测试浓度为100μg/ml）减少假阳性的发生率。采用具有一定屏障功能的重建人体皮肤模型进行3T3检测，是较常见的一种更进一步的评估方法。目前，没有用于检测光致敏性的经过验证的体外方法，但观察到光致敏物质在3T3 NRU PT测试中可能会产生阳性反应。

在很多文献报道中有描述化学品和/或化妆品原料在动物皮肤上的光斑贴试验。以敏感性降序排列，已经使用的动物有无毛小鼠、豚鼠、兔、猪。对于剂量调查研究发现，将测试结果外推至人可能会存在问题，尽管无毛小鼠和豚鼠似乎比人体更敏感。

（2）光致突变性/光致染色体断裂 1990年，SCCS通过了对有紫外吸收的化妆品原料的光致突变性/光遗传毒性测试指南。SCCNFP建议Colipa使用的测试方案应该是经验证的试验方法。但由于在没有体内参考数据的情况下难以规划验证研究，因此该建议尚未被采纳。在光致突变性/光遗传毒性的条件下，鉴于已建立的生物学机制（基因、染色体、DNA序列的改变），体内参考数据可能不是必需的。

OECD在1999年已讨论光致突变性指南，但尚未有结果。为了检测光化学致染色体断裂/致突变性，已有几种试验方法应用了紫外-可见光（UV-VIS）和化学品的组合处理，包括检测细菌和酵母突变的试验、检测致染色断裂变的试验、检测哺乳动物细胞基因突变的试验、检测体外哺乳动物细胞异常性的试验等。同时，环境突变研究会（GUM）光化学毒性研究小组的报告（2004年）中总结了在光致突变性/光致基因毒性领域的最先进的现有原理和测试方法，包括光-Ames测试，光HPRT/光-小鼠淋巴瘤试验，光-微核试验，光-染色体畸变试验和光-彗星试验。对于每种方法，从现有文献中简要总结了所测化合物的结果。作者的结论之一是：在许多情况下，进行经典致突变性/致遗传毒性研究的同时引入光照射并不会影响现有的无照射下的检测流程，因此，他们认为大部分的光致突变性/光致基因毒性试验是有效的。

FDA和EMA（欧洲药物管理局）已经表示，在医药领域内，不推荐光致遗传毒性作为标准光毒性试验检测程序的一部分。自遗传毒性杂质限度指导原则（CPMP/SWP）颁布以来，FDA认为光致染色体断裂性测试的经验表明这些测试方法基本上过度敏感，甚至已经报道了伪光致染色体断裂的发生。考虑上述情况，并参考EMA的讨论文件，很明显，光致遗传毒性试验的有效性越来越受到质疑。

5.致突变性/遗传毒性

致突变性是指诱导细胞或生物体遗传物质的量或结构永久可遗传的变异。这些变异可能涉及单个基因或基因片段、一组基因或染色体。致染色体断裂用于描述可引起结构性染色体畸变的作用。染色体断裂剂造成染色体断裂，从而导致染色体片段的丢失或重组。非整倍体变异是指可导致细胞内染色体数目变化（增加或减少）的影响，这一影响可导致细胞内的单倍体数目不是染色体组数目的整倍数。

遗传毒性是一个广泛的概念，其对应的英文是"Genotoxicity"，有时会误解"Genotoxicity"是基因毒性，但实际上遗传毒性所包含的范围更广。遗传毒性是指改变DNA的结构、遗传信息含量或遗传信息分离的作用，包括那些通过干扰正常复制过程而导致DNA损伤，或在非生理学上引起DNA损伤。生殖细胞突变是发生在卵细胞或精子细胞（生殖细胞）中的突变，因此可以遗传给有机体的后代。体细胞突变是指发生在生殖细胞以外的细胞中的突变，它们不会传递给下一代。因此，对遗传毒性的测试包括姐妹染色单体交换、DNA链断裂、DNA加合物形成或有丝分裂重组等形式对DNA造成的诱导损伤以及致突变性的测试。我国化妆品法规中要求化妆品原料及其染发（不含涂染型暂时性产品）、育发、美乳、健美类化妆品产品需要进行遗传毒性的检测。

根据国际科学专家组的建议，以及与欧洲科学委员会（EFSA/2011）和英国致突变性委员会（COM/2011）所达成的一致意见，对拟包含在欧盟化妆品法规（EC）1223/2009号中的化妆品物质的致突变性的评估应包括提供三种遗传毒性终端的测试：①基因层面上的致突变性；②染色体断裂和/或重组（致染色体断裂）；③染色体数目的畸变（非整倍体变异）。在这一方面，只能使用测量不可逆突变终端（基因或染色体突变）的遗传毒性试验。在不考虑此类初级损害所带来的不良后果情况下，用于测试DNA损伤的试验只能提供证据，而不能用作独立测试。最后，在进行任何测试之前，都应对接受评估的有关物质的所有可用数据进行彻底评估。

国际上通行的用于描述有致癌、致突变、有生殖毒性的物质简称CMR，它是致癌（Carcinogenic）、突变（Mutagenic）、有生殖毒性（Toxic to Reproduction）三个词语的英文缩写。欧洲危险物质指令（European Dangerous Substances Directive，简称EU DSD）548/EEC及其多次修改的结果（包括按新的欧洲化学品法规REACH而得到的结果）、联合国对化学品统一的分类体系（即全球化学和统一分类体系，GHS）以及其他国家的法规（如美国法规）等对CMR都有描述以及自己的分类体系，便于对化学物质进行标签管理。值得注意的是，各国都有自己的CMR名录，且并不完全一致。欧洲ECHA和联合国GHS对CMR的分类方法也不同。CMR可为化学物质的风险评估提供致癌、致突变和生殖毒性的信息，但是否有安全风险，还需要综合考虑该物质的暴露量。

对几个数据库的数据评估表明，随着测试数量的增加，"未预期阳性结果"的数量会随之增加，而"未预期阴性结果"的数量会随之减少，两个测试与三个测试的试验组合的灵敏度几乎相当，Ames试验和体外微核试验的组合可用于检测所有数据库中存在的相关遗传毒性致癌物质和体内遗传毒素。因此，欧洲食品安全管理局建议将这两个测试作为有关食品和饲料安全性评估的遗传毒性测试的首要步骤，而英国诱变剂委员会建议将它们作为体外测试第一阶段的遗传毒性测试的首要步骤。

相应地，SCCS建议对化妆品物质的遗传毒性进行两项基础水平测试：细菌回复突变（Ames）试验（OECD TG 471），该试验考虑了基因突变；体外微核试验（OECD TG 487），根据OECD的测试指南对结构（致突变性）性染色体畸变和（原始染色体）染色体数量畸变进行的检验测试。在Ames试验不适用的情况下（例如纳米颗粒、生物消毒剂和抗生素），应给出科学依据，并应在哺乳动物细胞中进行基因突变试验，如采用hprt检测、小鼠淋巴瘤检测。

如果测试符合要求但是两次测试的结果均呈明显阴性，那么该物质很可能不具有诱变潜力；同样如果两项测试的结果均呈明显阳性，那么此类物质很可能具有诱变潜力；在这两种情况下，均不需要进行进一步的测试。如果两项试验中的任一试验结果呈阳性，则表明该物质是体外诱变剂，可作进一步测试，以便更好地评估所研究的物质的致突变（和/或致断裂）潜能。

在Ames出现阳性结果后，可进行以哺乳动物细胞或3D重建人体皮肤模型进行的体外彗星试验。为了评估体外微核试验中的阳性结果，可以考虑在3D重建人皮肤上开展微核试验、在哺乳动物细胞、3D重建人皮肤中开展彗星试验。在所有这些情况下，体外测试的阴性结果并不能明确否决推荐测试的阳性结果，必须进行专家判断得出结论。机制研究（毒代动力学和毒素基因组学）或内部暴露（毒代动力学）可能有助于证据权值的评估。如果进行了附加测试，仍无法用证据权重方法推翻明确的阳性结果，则该物质为诱变剂。遗传毒性测试中的体外阳性结果暗示该物质具有潜在致癌性。SCCS发表了"SCCS化妆品原料测试及其安全性评估指南注释（NoG）的附录"，该附录对相关定义、关键步骤、关键实验条件等信息进行了描述（SCCS/1532/14）。

6.重复剂量（亚慢性/慢性）毒性

重复剂量毒性是相对于急性毒性提出的概念，它是由于对试验物种的预期寿命内的特定时间重复每日暴露或接触某种物质而产生的一般性有害毒理学效应（不包括生殖、遗传毒性和致癌效应）。在我国，重复毒性试验主要用于评估化妆品原料的毒性。

重复剂量（亚慢性/慢性）毒性检测可根据时间分为28天和90天，甚至更长的慢性毒性研究；根据暴露途径，可分为经口、经皮、吸入三种方式。OECD指南包括：经口重复剂量（28天）毒性试验（OECD TG 407），经皮重复剂量（28天）毒性试验（OECD TG 410），吸入重复剂量（28天）毒性试验（OECD TG 412）。亚慢性口服毒性试验：重复剂量90天啮齿动物的经口毒性研究（OECD TG 408）。亚慢性口服毒性试验：重复剂量90天非啮齿动物经口毒性研究（OECD TG 409）。亚慢性皮肤毒性研究：重复剂量90天使用啮齿类动物进行的经皮毒性研究（OECD TG 411）。亚慢性吸入毒性研究：重复剂量90天使用啮齿类动物进行的吸入毒性研究（OECD TG 413），慢性毒性研究（OECD TG 452），慢性毒性及致癌性联合实验研究（OECD TG 453）。

在对化妆品原料及风险物质，尤其是与人体皮肤长期接触的化妆品原料进行安全性评估时，系统毒性评估是安全性评价的一项关键要素。慢性毒性研究的目的是确定在覆盖动物整个寿命期间受试物重复接触后对哺乳动物物种的影响。在这些测试中，潜伏期长的效应或累积性效应可能会更为明显。使用啮齿类动物进行的28天和90天经口毒性试验是最常用的重复剂量毒性试验，通常可以较好地预测靶器官毒性和系统毒性。对化妆品原料及风险物质进行安全评估时应选用持续时长为90天及以上的研究。如果只有持续时长为28天的研究，则在计算MoS（ECHA/2012）时，可以使用从亚急性（28天）到亚慢性（90天）毒性推导的默认评估因子3。

吸入途径很少用于化妆品原料的重复剂量毒性测试，因大多数化妆品与此类重复接触途径之间缺乏相关性。然而，当原料拟以雾化、可喷雾或粉末形式出现在某种化妆品时，消费者可能会通过吸入途径与之接触，故对此类接触途径的测试也应引起重视。

在重复剂量毒性研究中，可以对靶器官和关键毒理学终点进行分析。关键毒理学终点定义为首次（以剂量水平计算）出现的以及观察到的不良反应。此类效应在生物学上与人体健康有关，而且是在人体与化妆品暴露之后产生，例如，有时在口唇暴露后，可观察到其对胃肠道产生局部效应，但此类效应不认为与MoS的计算相关。然后要为每项研究导出BMD、NOAEL或LOAEL。如果研究的剂量方案是每周暴露5天，则使用5/7因子校正。选择一项关键研究，在暴露持续时间、研究质量、BMD/NOAEL/LOAEL与剂量水平方面更相关的研究用于风险评估。BMD可作为NOAEL的替代选择，用于风险评估，并对可用的剂量效应数据进行拓展，同时对剂量效应数据中的不确定性进行量化。然而，在评估时使用BMD需要评估员具有一定的判断能力和建模经验。

对于重复剂量毒性测试，目前尚没有经过验证或得到普遍认可接受的动物替代方法。虽然科学家们在诸如肝毒性、神经毒性和肾毒性领域做了很多努力，但迄今为止，尚未有已验证的方法或筛选组合。虽然动物实验的应用应控制在最低限度，但从科学角度来看，也绝对不应以牺牲消费者的安全为代价。SCCS认为，对于无法提供重复剂量毒性数据或证据权重方法的新化妆品原料及风险物质评估，使用动物实验来研究其潜在的毒性作用仍然在科学上是必需的。

7.发育和生殖毒性

生殖毒性用于描述由某种物质引起的哺乳动物生殖方面的不良反应。它涵盖生殖周期的所有阶段，包括对男性或女性生殖功能或能力造成的损害，以及诱导后代产生的非遗传性的不良反应，如死亡、生长迟缓、结构性和功能性影响。

最常进行的体内生殖毒性研究包括：两代繁殖毒性试验（OECD TG 416）和致畸试验（OECD TG 414）。此外，OECD还制定了《生殖/生长发育毒性筛选试验》（OECD TG 421），以及《重复剂量毒性合并生殖/生长发育毒性筛选试验》（OECD TG 422）。OECD（OECD TG 443）已经采纳拓展后的一代生殖毒性研究（EOGRTS），并建立了指导性文件，与传统的生殖能力和生殖毒性指南（OECD TG 416）相比，新方法可以大量减少使用动物的数量；且引入了更多参数，例如在重复剂量研究中的临床化学参数，同组别的发育免疫毒性和发育神经毒性，并新增了内分泌干扰素的观察指标：乳头滞留、出生时的肛门生殖器距离、阴道通畅和龟头与包皮分离等；加强生殖毒性参数的统计；方法优化的可能性，例如新增毒理学终点，包括评估内分泌活性化学物质干扰下丘脑–垂体–性腺（hpg）轴、体变轴、类视网膜信号通路、下丘脑–垂体–甲状腺（hpt）轴、维生素D信号通路，和过氧化物酶体增殖物激活受体（PPAR）信号通路。

由于生殖毒性领域非常复杂，所以预期无法仅通过一种替代方法来模拟各个阶段，因此需要应用测试组合。目前已开发三种替代方法，仅限于胚胎毒性领域：全胚胎培养试验（WEC）、MicroMass试验（MM）和胚胎干细胞试验（EST）。欧盟ESAC从科学角度认为，MM和EST两种试验对于将物质分为无胚胎毒性、弱/中等胚胎毒性或强胚胎毒性三种类别时非常有效。WEC试验是一种动物实验，从科学角度来讲，仅对辨识强胚胎毒性物质有效。这3种替代胚胎毒性试验可能对于CMR的策略检测筛选胚胎毒性非常有用。但是，上述三种方法均无法用于量化风险评估，EST通常用作筛查性试验。上述试验系统都没有涉及生殖毒性中复杂的毒理学终端效应，目前尚没有涉及整个生殖毒性领域的替代方法。

在这方面，欧盟第六框架项目ReProtect1（http：//www.reprotect.eu/，于2015年9月咨询）开发了几种体外试验方法。每种体外试验方法涉及生殖周期男性和女性生育力、着床及产前和产后发育的三个生物组成部分。这些测试可反映各种毒理学机制，如对间质细胞和支持细胞的影响、卵泡发生、生殖细胞成熟、精子细胞运动、类固醇生成、内分泌系统、受精以及早期胚胎。然而，在这些测试为监管所接受之前，仍然需要更多的信息和研究。

在JRC报告中有针对这一领域体外测试的实际情况所开展的广泛审查。对于生殖毒性试验，目前尚没有经验证或得到普遍可接受的替代动物实验方法，动物实验的应用应控制在最低限度，但从科学的角度来看，不应以牺牲消费者的安全为代价。SCCS认为，对于无法提供生殖毒性数据或证据权值方法的新化妆品原料，使用动物实验来研究其潜在的毒性作用仍然是科学上所必需的。

8.致癌性

若某些物质在通过吸入和经口摄入途径、皮肤接触、注射后诱发肿瘤（良性或恶性）或增加其发生概率、诱发恶性肿瘤或缩短肿瘤发生时间，则这些物质为致癌物质。致癌物质通常分为遗传毒性致癌物质和非遗传毒性致癌物质。对于遗传毒性致癌物质，最可能的致癌作用模式为遗传毒性作用；而非遗传毒性致癌物质是通过与DNA的直接相互作用以外的机制而致癌的。

目前可以根据体外致突变性测试的结果预测致突变性或遗传毒性物质，辅助判断潜在的致癌性。若致突变性体外检测结果呈阳性，则表明这些物质具有潜在致癌性，但体外检测的结果可能会有假阳性出现，因此只是预判。随着科研的深入，一些新的体外方法有望用于辅助识别或初步预测遗传毒性致癌物质以及非遗传毒性致癌物质。细胞转化试验（CTA）用于测量细胞转化，细胞转化是多步癌变过程中的一个步骤，它可以提供额外的信息，并且可以作为体外遗传毒性试验为阳性后的附加试验，并作为证据权重的一部分。OECD起草了关于细胞转化试验的两份指导性文件，以使科学和管理机构能够将所描述的方法作为物质致癌性证据权重的一部分。这两份指导性文件分别为"体外叙利亚仓鼠胚胎细胞转化试验"（OECD草案）和"体外Bhas 42细胞转化试验"，Bhas 42细胞系是通过将v-Ha-ras致癌基因转染给BALB/c 3T3 A31-1-1细胞系建立的，不能由单独的细胞转化试验确定某种物质是否具有致癌性。若没有2年动物致癌试验数据（OECD TG 451），即使能推断出物质的致癌性，这一推断过程也是异常艰难的。就遗传毒性物质而言，体外致突变性试验的研究进展显著。由于突变与癌症之间的关系，这些遗传毒性试验可以看作是致癌性的预筛选试验，若其中一种遗传毒性试验结果呈阳性，并推断该物质可能为致癌性物质，结合CTA检测，该指标可能更准确。非遗传毒性致癌物可以通过致癌性或慢性重复剂量毒性研究来检测非遗传毒性致癌物质。除了CTA之外，尚未有其他用于检测非遗传毒性致癌物的体外替代方法，且有关将CTA用作非遗传毒性致癌物试验的讨论仍在继续。

目前全球都在进行关于检测诱变剂、遗传毒性致癌物质，特别是非遗传毒性致癌物质的体外毒素基因组学的研究。因为通过基因芯片技术的全基因组图谱表达，可以获得包含物质诱导遗传毒性的不同机制的基因模式。这些基因模式/生物标志物可以被用于体外致突变性/遗传毒性测试组合出现阳性结果后的后续研究。除了体外致突变性/遗传毒性试验之外，也可以将体外检测与毒物基因组学的数据应用到证据权重中。

9.毒代动力学

毒代动力学一词用于描述某种化学物质在生物体内随着时间变化的过程，包括吸收、分布、代谢和排泄（Absorption，Distribution，Metabolism，Elimination，简称ADME）。为了了解化学物质在机体内的代谢过程以及代谢程度，我们需要对全过程进行细致的研究。术语"毒效动力学"是指化学物质与靶位点相互作用的过程，以及由此引起的不良反应。

毒代动力学的测试指南包括经皮吸收（OECD TG 417、OECD TG 427、OECD TG 428）在内的，为了阐明被测物质的特定毒性，其结果有助于设计进一步的毒性研究及其解释。除了物质吸收外，其代谢转化和体内过程也可对其在体内的分布及其排泄以及毒性潜力产生重要影响。因此，在具体情况下，需要进行体内或体外生物转化研究以证明或排除某些有害作用。

尽管化妆品原料的毒代动力学数据仅在某些情况下能获取，但这些体内和体外动物数据外推至人体时，可能会呈现很高的相关性，为风险评估提供科学依据。在进行不同暴露路径之间外推时，可以根据专家对科学信息，包括可用的毒代动力学信息进行判断，这仅适用于系统毒性的情况。从这一层面讲，不论是吸收程度，还是新陈代谢都需要考虑在内。

在2015年《JRC科学和政策报告》中可找到对化妆品及其原料风险评估中的毒代动力学现状的深度审查。目前，尚未有经过验证的替代方法可完全覆盖ADME领域。一些体外模型仅适用于来自胃肠道的物质（例如Caco-2细胞模型）吸收的评估或物质的生物转化（例如游离肝细胞、Hepa RG™细胞模型）的评估，但大多数现有模型尚未经过充分验证。

虽然没有经正式认可的有效替代方法，但业界广泛认为取自人结肠癌的Caco-2细胞适用于渗透性筛选的细胞模型。鉴于复杂的肠道吸收过程中涉及的变量较多，因此在应用此类体外模型时关键要做好文献记录和制定统一的标准，才能获得有效的结论。因此，有必要报告实验设置的各个方面，并提供有关变量控制的详细信息。Caco-2模型及类似模型确实有较多优点，但也有较多缺点。尤其需要特别注意的是体外模型不合适的情况，比如当有高亲脂性化合物、吸收较差的物质、运输时需要载体介导的物质或代谢物质参与时。欧洲替代动物方法核心实验室（EURL-ECVAM）发起了一项旨在评估两个体外细胞系统——Caco-2/ATCC亲本细胞系和Caco-2/TC7克隆细胞的重现性（实验室间和实验室内变异性）以及预测能力的研究。研究得出结论，仅对于能够得到高度吸收的化合物，才能获得较好的预测，而对于吸收适度和吸收较差的化合物，经常会过度评价。

在某些情况下，可获得化妆品原料的人体毒代动力学研究结果，如有使用历史、临床数据或门诊病历的物质，在SCCS的一些化妆品原料评估报告中相应描述，例如对苯二胺（SCCP/0989/06，SCCS/1443/11）、4-甲基-苯亚甲基-樟脑（SCCP/1184/08）、对羟基苯甲酸正丁酯（SCCS/1446/11、SCCS/1348/10）、吡啶硫酮锌（SCCS/1512/13）。

化妆品主要通过皮肤进入人体，因此大部分化妆品在考虑暴露量时，主要考虑经皮途径的暴露量（可能吸入的除外），而明确暴露量是进行风险评估和安全性评价的基础。化妆品原料必须穿过皮肤的许多细胞层，才能到达循环（血管和淋巴管）系统，其中，决定速率的细胞层是角质层。许多因素在这一过程中起关键作用，包括化合物的分子量、电荷、亲油性、角质层的厚度和构成成分（取决于身体部位）、暴露接触持续时间、产品局部使用量、目标化合物的浓度、封闭情况、载体等。

由于多种国际机构（ECETOC、EPA、OECD和WHO）通过不同的术语对皮肤/经皮吸收进行了描述，因此，有时难免产生混淆，所以，在这一特定领域中对一些重要术语进行定义是很有必要的。皮肤/经皮吸收过程是用于描述化学物质穿过皮肤过程的全球通用术语。这一过程可以分为三个步骤：穿透（Penetration）：指某种物质进入特定的细胞层或结构，例如化学物质进入角质层；渗透（Permeation）：指物质从某一层穿到另一层，该层在功能上和结构上均不同于一层；吸收（Rresorption）：指物质进入作为中央室的血管系统（淋巴管和/或血管）。

①皮肤/经皮吸收研究指南：原则上，皮肤/经皮吸收研究既可以在体内进行，也可以在体外进行（OECD TG 427、428），欧盟和OECD还提供了有关其开展的详细指南。此外，SCCS在1999年通过了首部有关化妆品原料皮肤吸收的体外评估的基本准则，后于2010年进行了更新（SCCS/1358/10）。OECD指南以及SCCS的基本准则（SCCS/1358/10）被认为是对化妆品原料进行适当的体外皮肤/经皮吸收研究时所依循的必要准则。

②欧盟消费者安全科学委员会"基本准则"

化妆品物质的体外皮肤吸收研究的目的是获得关于在使用条件下可能进入人体系统的化学物质的定性和/或定量信息，以便通过这些信息计算安全边界值（Margin of Safety，MoS）。需要考虑的许多具体参数或工作条件如下。

a.扩散池的设计，包括扩散池技术的使用、选择静态系统还是动态系统。

b.接受液的选择，需要说明化学物质在接受液中的生理pH、溶解度和稳定性；确保不会影响皮肤/膜的完整性；分析方法等。

c.应谨慎选择和处理皮肤标本，须从适当场所选取人体皮肤。

d.由于皮肤完整性至关重要，因此应对皮肤的完整性予以验证。

e.皮肤温度必须在正常人体皮肤温度下。

f.测试物质必须严格鉴别，并且应与拟用于化妆品成品中的物质相一致。

g.剂量和载体/制剂应能代表拟定化妆品在使用条件下（包括接触时间）的情况。应对测试物质在某种典型配方中的几种不同浓度（包括最高浓度）进行测试。

h.在整个接触期间需要进行定期抽样，也需考虑延迟渗入皮肤层的测试物质。

i.应使用适当的分析技术。报告中应记录其有效性、灵敏度和检测限。

j.应确定所有相关隔室中的测试化学物质：皮肤表面多余的产品剂量（可移除剂量）、角质层（例如胶带条）、表皮（无角质层）、真皮、接收液。

k.提供质量平衡分析和回收数据。测试物质（包括代谢物）的总体回收率应在85%~115%内。

l.对方法的变异性/有效性/重现性展开讨论。SCCS认为，对于一项可靠的皮肤吸收研究，应使用来自至少4名供体的8种皮肤样品。

m.当进行皮肤吸收研究时，经常以放射性标记测试物质来提高敏感度。此时应给出所选标记的类型和选择标记该位置的理由。例如，是否存在于环状结构或侧链中，使用单标记还是双标记等。此类信息对于研究化合物在体外真皮吸收测试期间的生物转化和稳定性具有重要作用。

n.应定期使用参比物，如咖啡因或苯甲酸对执行实验室的技术能力和使用方法的有效性进行评估，每年应至少评估两次。这些数据应纳入研究报告。

根据OECD TG 428（皮肤吸收：体外方法）的要求，在体外试验中应进行模拟人体暴露接触的施用，一般为固体$1\sim5mg/cm^2$，液体$10\mu l/cm^2$。也有例外情况，例如对于氧化型染发剂，通常施用量为$20mg/cm^2$，施用时长为30~45分钟（取决于预期用途）。

经验表明，在使用条件下施用于皮肤的化妆品的量通常不超过$2mg/cm^2$，如果透皮吸收达到饱和状态，在计算时作为分母的施用量越小，计算所得透皮吸收率就越大（以百分比计算），也就是说使用的测试量越小，计算得到的系统暴露量越高。但体外测量时在技术上还无法做到施用量小于$1mg/cm^2$，因此要用超过预期用途条件的施用量进行体外试验，并且如果使用测试所得的皮肤吸收百分比来计算SED，则所得值可能低于系统暴露值。

此外，当研究皮肤吸收时，需了解制剂是否会影响构成它的某种化学物质的生物利用度。化妆品制剂中特地添加了许多渗透促进剂和赋形剂（如脂质体），以促进皮肤对某些成分的吸收。很明显，在没有进一步具体研究的情况下，须假定此类制剂中的某种特定物质的生物利用度为50%。在没有吸收数据可用或吸收数据不充分的情况下，也可以使用这一保守值。

真皮、表皮（不含角质层）和接收液中测量的量将被视为皮肤所吸收的量。在进一步计算时，也会将这些数值囊括在内。当物质为皮肤吸收较差和渗透力有限的物质，例如，具有高分子量和低溶解度的着色剂或紫外线滤膜时，在已证明化学物质不会从皮肤转移到接收液的情况下，可将表皮中的量排除。有必要对体外皮肤吸收研究的接收液中难溶于水的物质进行恰当的检测以确定其皮肤吸收，主要针对活性物质而不是杂质。对于纳米材料，还要确定通过皮肤吸收的物质是纳米颗粒形式还是处于溶解化学品的状态。

当研究符合SCCS的所有基本要求时，将通过平均值+1SD计算MoS，不使用平均值直接计算的原因是体外皮肤吸收测定中经常会出现高度变异性；在与SCCS要求有显著差异和/或变异性非常高的情况下，可把平均值+2SD作为皮肤吸收值，从而计算出MoS。具有某些特殊物理化学性质的化妆品原料皮肤吸收的可能性较差或很差，例如：分子量大于500Da；可高度电离；辛醇水分配系数≤-1或≥4；拓扑极性表面积大于120Å^2，熔点高于200℃。

第三节 化妆品安全性评价程序

化妆品安全性评价的目标是为了确保消费者的使用是安全的，无论是在指导下使用，还是在合理可预见的错误使用条件下使用。为了实现此目标，对化妆品进行风险评估可以积极地保障其安全性。那么什么是风险评估呢？风险评估是指通过系统的科学的方法评估暴露在危险性物质或环境中人体发生的不良反应。美国国家研究委员会（NRC）在1983年发布的《联邦政府的风险评估：管理程序》中首次系统地阐述了如何进行风险评估。报告提出，化学物质的风险评估包括以下几个流程：危害识别（Hazard Identification），剂量-反应关系（Dose Response Relationship），暴露评估（Exposure Assessment）以及风险特征描述（Risk Characterization）。该评估流程是科学界公认的评价特定物质暴露对人体健康危害可能性的基本模式，有些组织和机构的指南中剂量-反应关系也被称为危害表征（Hazard Characterization）。在近五十多年以来，风险评估技术不断地完善，一些国家和地区发布的风险评估指南及规范性文件也是如此。

一、危害识别

1.化妆品健康危害效应

化妆品是指以涂擦、喷洒或其他相似方法散布于人体表面任何部位（皮肤、毛发、指甲、口唇）以达到清洁、消除不良气味、护肤、美容和修饰为目的的日用化学工业品，包含了种类繁多的产品，其使用目的是为了满足消费者在形象外观上的需要。随着消费者对生活品质需求的提高，化妆品从原来单一的修饰功能逐渐演变为具有更多功能的更为复杂的产品，比如改善皮肤状况，延缓皮肤老化等。然而，化妆品和药物不同，化妆品是在健康人的皮肤上长期反复使用，因此其安全性必须得到保障。根据我国《化妆品安全技术规范》中明确要求："化妆品应经安全性风险评估，确保在正常、合理的及可预见的使用条件下，不得对人体健康产生危害。"

化妆品产品的安全性是基于对化妆品原料安全性的评价：市场上数以千计不同的化妆品的原料都来自于有限数量的物质。故毒性试验关注于化妆品原料，特别关注可能会与生物基质反应的成分，这是最关乎人体健康的问题。因此对化妆品的安全性在原材料阶段就提出了要求，基于毒性试验，确定了禁用和限用的化妆品原料清单，以及准用化妆品原料，包括着色剂、防腐剂、防晒剂和染发剂原料清单。化妆品原料对健康危害必须从以下毒理学终点进行评估（详见本章第二节）。

（1）急性毒性 包括经口、经皮或吸入后产生的急性毒性效应。

（2）刺激性/腐蚀性 包括皮肤刺激性/腐蚀性和眼刺激性/腐蚀性效应。

（3）致敏性　主要为皮肤致敏性。

（4）光毒性　包括紫外线照射后产生的光毒性和光敏性效应。

（5）致突变性　包括基因突变和染色体畸变效应等。

（6）重复剂量毒性　包括长期暴露后对组织和靶器官所产生的功能和/或器质性改变。

（7）发育和生殖毒性　包括引起胎儿发育畸形的改变和引起亲代生殖功能的损害等。

（8）致癌性　包括所发生肿瘤的类型、部位、发生率等。

2.危害识别

危害识别主要根据原料或风险物质的毒理学试验结果来判定。按照我国现行的化妆品安全技术规范或国际上通用的毒理学试验结果的判定原则是对化妆品原料和风险物质的急性毒性、皮肤刺激性/腐蚀性、急性眼刺激性/腐蚀性、致敏性、光毒性、致突变性、慢性毒性、发育和生殖毒性、致癌性等毒性特征进行判定，确定该原料或风险物质的主要毒性特征及程度。

根据所提供的化妆品原料或风险物质的人群流行病学调查、人群监测以及临床不良事件报告等相关资料，判定该原料或风险物质可能对人体产生的危害效应。

在对危害识别进行判定时，应考虑到原料的纯度和稳定性、其可能与化妆品终产品其他组分发生的反应以及透皮吸收率等，同时还应考虑到原料中的杂质或生产过程中不可避免带入原料中的毒性成分等。对于复配原料，应对其中所有组分的危害效应进行识别。

二、剂量-反应关系评估

剂量-反应关系是研究物质的暴露剂量和毒理学效应或发生频率之间的定量关系。一般来说物质的毒理学效应和其实际暴露的剂量之间存在一定的比例关系，随着暴露剂量的减少，毒理学效应也会随着减少或者消失。通过研究剂量-反应关系可以定量的评估化学物质的安全性，为风险表征和管理提供数据支持。不同的毒理学效应终点由于机制不同，故而度量的单位也不同，比如刺激性使用的度量单位是百分浓度，皮肤致敏的度量单位是单位皮肤面积物质暴露量，而系统毒性，生殖发育毒性以及致癌性等以单位体重每天暴露量来衡量。在研究剂量-反应关系时，由于绝大多数物质缺乏人体试验或者经验数据，不能通过人体毒理学效应数据获得剂量-反应关系，所以一直以来，动物实验数据是主要的剂量效应评估依据。出于对动物福利的考虑，许多国家和地区已经逐步地取消和禁止化妆品动物实验，化妆品安全评估的趋势是使用非动物的替代试验进行原材料和产品的毒性检测。随着毒理学技术的不断发展，计算机模拟以及体外和离体试验可以用来研究剂量-反应关系。

1.有阈值的剂量–反应关系评价

通常重复剂量毒性和生殖发育毒性毒理学效应存在阈值，故而通过研究剂量–反应关系可以确定未观察到有害作用剂量（NOAEL），也可观察到未见有害作用水平（NOEL）。NOAEL可用LOAEL或BMD代替。

未观察到有害作用剂量（NOAEL）被定义为没有观察到有害毒理学效应出现的最高剂量或暴露水平。对于化妆品原料，NOAEL主要来源于90天重复剂量动物研究或来自于发育毒性动物研究。如果一项研究的剂量方案是每周治疗5天，则在MoS计算中应使用5/7的评估因子修正的NOAEL。

关于重复剂量毒性研究的关键因素，应详细评估可用的重复剂量毒性数据，以便在重复暴露时确定表征健康危害。在这个过程中，应考虑到所有的毒理作用，其剂量–反应关系和可能的阈值。评估应包括对效果严重程度的评估，无论观察到的效果是不利的还是适应性的，影响是否不可逆转，或者是否为更显著的影响的早期阶段或是否继发于一般毒性。几个参数的变化之间的相关性，例如临床或生物化学测量、器官重量和（组织）病理效应之间的相关性，将有助于评估效应的性质。

如果无法从可用数据中识别NOAEL，则可以在MoS计算中使用其他剂量描述，例如观察到有害作用水平的最低剂量（LOAEL）而不是NOAEL。通常在计算化妆品原料的MoS时使用3作为评估因子。然而，考虑到所进行的重复剂量毒性试验中的剂量间隔，剂量反应曲线的形状和斜率（以及在某些情况下，LOAEL中看到的效应程度和严重性），可以根据具体情况确定高达10的评估因子。在某些情况下，LOAEL不能用于安全评估。BMD方法可代替NOAEL/LOAEL用作MoS计算的剂量描述。

2.无阈值的致癌性评价

在无阈值致癌物的情况下，可以使用BMD或T_{25}用作剂量描述。风险评估方式的选择取决于致癌物质是否通过其与遗传物质（基因毒性）交互而引发癌症。虽然还没有经过科学试验的验证，但是因为遗传毒物没有致癌效应阈值，所以一般认为即使风险的提高幅度不大，小剂量的遗传毒物也可能增加致癌风险，引起DNA线性损坏。非遗传毒性的遗传物质一般都有致癌效应阈值。因为想要区分致癌物质是否有致癌效应阈值很困难，所以如果无法确认致癌物质有阈值，那么应当用无阈值安全评估方式对致癌物质进行风险评估。

3.非遗传毒性致癌物质

对于非基因毒性致癌物质，应当计算阈剂量值和安全边界值对其进行风险评估。鉴于目前许多国家法律禁止相关动物实验，所以暂时还没有其他办法验证非基因毒性致癌物质。

4.遗传毒性致癌物质

欧盟科学委员会（保健和环境科学委员会/消费品科学委员会/新兴及新鉴定

健康风险科学委员会)以及化学品注册、评估、许可和限制的指导文件都对遗传毒性致癌物质的安全评估有相关规定。例如任何时候都要提供详细的信息,包括适当的剂量描述,如 T_{25} 或者 BMDL10。 T_{25} (以 mg/kg bw/d 表示)表示对自然发病率进行修正后,物种标准寿命范围内有 25% 概率能够在动物特定组织部位引发癌症的剂量。BMDL10(以 mg/kg bw/d 表示)表示 10% 基准反应下,用数学曲线拟合的方法计算较小的 95% 置信区间。 T_{25} 和 BMDL10 两者可作为评估起始点以确定生命期患癌风险,或者用于计算暴露限值,即剂量描述与预计人体暴露剂量的比值。

三、暴露评估

化妆品安全性评价的目的是为了保证在正常、合理或可预见的使用条件下,产品不会对人体健康产生危害。人体健康,即接触人群,不仅包括消费者,也包括相关从业人员,如美容、美发师等,不同的接触人群,在使用化妆品时的暴露量是不同的。

1.暴露评估时应考虑的因素

对化妆品进行安全评估时,不仅要考虑其固有毒理学特征,还要考虑其使用方式和可能停留在人体内的暴露量。因为化妆品产品类别比较广泛,所以可得出较多暴露场景,例如:稀释后使用产品,虽然可用于许多区域,但是用后被洗掉;嘴唇及口腔用产品会被使用者吞咽一部分;用于眼部、口腔的化妆品可能会接触到结膜或黏膜,因为这些部位的表皮层比较薄,所以可能对化妆品更敏感;润肤露或润肤霜可用于大部分身体部位,其含有的物质浓度比较高,也可能持续数小时与皮肤接触;因为防晒霜与皮肤接触面积较大,而且还会长时间暴露在紫外线辐射中,所以需要不同的安全评估方法;染发剂中的物质会在头发中发生氧化反应(例如与过氧化氢反应),单体、中间物以及最后形成的产品都会接触到皮肤。

每一个特定的暴露场景都会对应可能会被使用者吞咽、吸入或通过皮肤或黏膜吸收到体内的一定剂量的物质,该剂量被认为是成品化妆品的系统暴露量。很明显,化妆品使用化学物质的暴露水平只能通过个案分析来获得,通常至少要考虑到以下几点。

(1)化学物质所在的化妆品类别。

(2)使用方法 擦涂、喷雾、擦拭、是否用后即洗等。

(3)化妆品成品中物质的浓度。

(4)产品每次使用量。

(5)使用频率 包括间隔使用或每天使用、每天使用的次数等。

(6)皮肤接触面积。

（7）接触位置（例如黏膜，晒黑的皮肤）。

（8）暴露持续时间　包括驻留或用后清洗等。

（9）可能提高暴露水平的可预期的误用（例如洗发水被当作沐浴露使用）。

（10）使用人群及暴露对象的特殊性（例如婴幼儿、儿童、孕妇、哺乳期妇女、皮肤敏感人群、长期大量接触的从业人员等）。

（11）可能进入体内的量（例如透皮吸收率）。

（12）使用在可能接受强烈阳光照射的皮肤处。

（13）其他因素　如误用或意外情况下的暴露。

此外，暴露水平还取决于相关毒理学效应。由于影响不同的毒理学效应的物质暴露方式不同，使用的度量单位也不同。例如，对于皮肤过敏刺激或光敏反应来说，单位面积皮肤的暴露水平就很重要。同理，对于全身毒性来说，则单位体重的暴露水平也很重要。同时还要注意非直接途径导致的二级暴露（例如吸入喷雾、吞咽唇膏等）。最后，化妆品的使用还取决于一些其他因素，例如年龄层、季节变化、当地习俗、潮流、趋势、可支配收入、产品创新等。

2.系统暴露量（SED）的计算

如前文所述，暴露评估会确定系统暴露量的值，系统暴露量是计算化学物质安全边界值（MoS）的一个重要参数。化妆品风险评估中，通常通过计算安全边界值来判断某一种化学物质（原料或风险物质）的风险是否可以接受，安全边界的计算公式为：MoS = NOAEL/SED，其中NOAEL值通常选择90天喂养试验所得的值，而SED为系统暴露量。

下面的公式主要用于计算化妆品组分的皮肤暴露水平，暴露水平有两种单位：$\mu g/cm^2$ 和%。

①测试物质皮肤吸收，以 $\mu g/cm^2$ 为单位

$$SED=\frac{DA_a\ (\ \mu g/cm^2\ )\ \times 10^{-3}mg/\mu g\times SSA\ (\ cm^2\ )\ \times F\ (\ day^{-1}\ )}{60kg}$$

其中：SED（mg/kg bw/d）=系统暴露量；DA_a（$\mu g/cm^2$）=皮肤吸收剂量，来自模拟使用条件[①]下的试验；SSA（cm^2）=预计使用成品化妆品的皮肤表面积；F（day^{-1}）=成品的使用频率（$F \geqslant 1$）；60kg = 默认人体体重。

使用本公式时，评估化合物所在产品使用的皮肤表面积（SSA）和使用频率（F）必须已知。表2-1的选自荷兰国家公共卫生与环境研究院对化妆品暴露进行的研究并指出每种化妆品类型[②]暴露的皮肤表面积，最后一列为成品的推测使用频率（F）。

---

① 体外皮肤吸收试验的条件和使用条件不一致时，可以引入一个额外的校正因子。

② 除欧洲外，美国环保署对人体相关部位表面积也有对应的默认值。

表2-1　平均皮肤暴露表面积与产品类别之比及使用频率

产品类别	皮肤表面积（荷兰国家公共卫生与环境研究院）		使用频率*
	表面积（cm²）	参数（如果已确定）	
洗浴用品			
沐浴露	17 500	总体表面积	1.43/天
洗手肥皂	860	手部面积	10/天[①]
沐浴油、盐等	16 340	总面积–头部面积	1/天
头发护理			
洗发露	1440	手部面积+1/2头部面积	1/天
护发素	1440	手部面积+1/2头部面积	0.28/天
头发造型产品	1010	1/2手部面积+1/2头部面积	1.14/天
半永久染发剂（及洗液）	580	1/2头部面积	1/周（20分钟）
氧化/长效染发剂	580	1/2头部面积	1/月（30分钟）
皮肤护理			
润肤露	15 670	体表面积–头部面积（女性）	2.28/天
面霜	565	1/2头部面积（女性）	2.14/天
护手霜	860	手部面积	2/天
彩妆			
粉底液	565	1/2头部面积（女性）	1/天
卸妆乳	565	1/2头部面积（女性）	1/天
眼影	24	—	2/天
睫毛膏	1.6	—	2/天
眼线膏	3.2	—	2/天
口红、唇膏	4.8[②]	—	2/天

[①]　丹麦环境部环保局：洗手液调查，包括卫生及环境评估。

[②]　Ferrario 等人，2000 年。

产品类别	皮肤表面积（荷兰国家公共卫生与环境研究院）		使用频率*
	表面积（cm²）	参数（如果已确定）	
除臭剂/止汗剂			
喷剂①及非喷剂②除臭剂	200	两侧腋窝面积	2/天
香水			
淡香水喷剂	200	—	1/天
香水喷剂	100	—	1/天
男用化妆品			
剃须膏	305	1/4头部面积（男性）	1/天
修脸润肤乳	305	1/4头部面积（男性）	1/天
防晒化妆品			
防晒露/乳	17 500	体表总面积	2/天

注：*频率值相当于2005/2009欧洲化妆品研究值的（有关本研究，见其他段落）第90个百分位值。

②在用百分比表示皮肤吸收时，公式如下

$$SED = A（mg/kg\,bw/d）\times C（\%）/100 \times DA_P（\%）/100$$

其中：SED（mg/kg bw/d）=系统暴露量；A（mg/kg bw/d）=根据使用量和使用频率（每种化妆品类型的相对每日暴露量，计算见表2），估算的每千克体重每日暴露于化妆品的量；C（%）=原料在成品中的浓度；DA_P（%）=经皮吸收率。在无透皮吸收数据时，吸收比率以100%计，若当原料分子量 > 500道尔顿，且脂水分配系数Log Pow < −1或 > 4时，吸收比率取10%。

以此公式中，使用条件下每日每千克体重用量（A）必须为已知。

欧洲化妆品协会提供的化妆品暴露数据来自于欧盟成员国内消费者的大范围调查。其中6种产品类别的数据在2005年进行了更新（润肤露、除臭剂、面部保湿霜、洗发露、口红以及牙膏），另外5种产品类别的数据（漱口水、沐浴露、粉底液、护手霜以及头发造型产品）在2009年也有更新。为了对消费者提出更有针对性的预测，研究人员采用了概率分析的方法。

化妆品每日使用的量：欧洲化妆品协会研究表明，大部分化妆品使用频率与

① Steiling等人，2012年。

② Cowan-Ellsberry等人，2008年。

每次使用剂量都成反比。因此，用每日最大使用频率乘以每次最大使用剂量计算每日暴露水平就不太合适。

所以，表2-2列出了日均使用剂量以及驻留因子[①]，以得出日均皮肤暴露值。根据欧洲化妆品协会的研究，其中日均使用剂量大概占测量值的90%。对于没有数据更新的产品来说，之前每日最大使用频率乘以每次最大使用剂量的计算方法仍然有效。表2-1列出了相关产品平均使用频率，包括皮肤表面积以及预测使用频率等信息，以供安全评估员之用。

对于该计算方式，值得注意的是体重已经包含在日均使用剂量之内。欧洲化妆品协会的试验就是在此类条件下进行的，用日均使用剂量除以体重。表2-2中的值即为测量值的90%[②]。如果有产品的相关数据没有更新，那么继续用之前的数据（除以人体平均体重60kg）。

欧盟消费者安全科学委员会没有提供所有化妆品类别的暴露数据，而是只列出了一些最常见的产品。其他产品应当由公司和/或安全评估员对日均暴露水平和/或使用频率进行评估，或可通过设计试验来检测透皮吸收率及可吸入的暴露量（如OECD TG 427/428）。因其没有进行更小范围的试验，也没有提供相关限制性人口多样性报告（只有荷兰及法国人口），为了更好地保护消费者安全，研究中没有列出相关数据，因为以上研究得出的暴露值比欧洲化妆品协会得出的值要低，但是两项研究有关指甲油和卸甲油的结果基本相同，详见表2-3。

表2-2 欧洲化妆品协会研究得出的不同产品预估日均暴露值

（SCCNFP/0321/00）

产品类别	预估日均使用剂量	相对使用剂量（mg/kg bw/d）	保留系数[①]	日均暴露水平（g/d）	相对日均暴露水平（g/d）
洗浴用品					
沐浴露	18.67g	279.20	0.01	0.19	2.79
洗手皂[③]	20.00g	—	0.01	0.20[④]	3.33
头发护理					
洗发露	10.46g	150.49	0.01	0.11	1.51
护发素[⑤]	3.92g	—	0.01	0.04	0.60
头发造型产品	4.00g	57.40	0.1	0.40	5.74

① 考虑到用于潮湿皮肤或头发的化妆品会被冲洗或稀释掉一部分，所以引入了驻留因子。

② 体重值为研究对象国家平均体重，而非参与研究的志愿者的体重。

③ 对于欧洲化妆品协会研究中没有涵盖的化妆品类别，用现有日均使用剂量除以人类平均体重60kg。

④ 丹麦环境部环保署：洗手液调查，包括卫生及环境评估。

⑤ 体外皮肤吸收试验的条件和使用条件不一致时，可以引入一个额外的校正因子。

产品类别	预估日均使用剂量	相对使用剂量（mg/kg bw/d）	保留系数[1]	日均暴露水平（g/d）	相对日均暴露水平（g/d）
半永久染发剂（及洗液）[4]	35ml（每次）	—	0.1	未计算	—
氧化/长效染发剂[4]	100ml（每次）	—	0.1	未计算[2]	—
皮肤护理					
润肤露	7.82g	123.20	1.0	7.82	123.20
面霜	1.54g	24.14	1.0	1.54	24.14
护手霜	2.16g	32.70	1.0	2.16	32.70
彩妆					
粉底液	0.51g	7.60	1.0	0.51	7.90
卸妆乳[4]	5.00g	—	0.1	0.50	8.33
眼影[4]	0.02g	—	1.0	0.02	0.33
睫毛膏[4]	0.025g	—	1.0	0.025	0.42
眼线膏[4]	0.005g	—	1.0	0.005	0.08
口红、润唇膏	0.057g	0.90	1.0	0.057	0.90
除臭剂					
非喷雾除臭剂	1.50g	22.08	1.0	1.50	22.08
喷雾除臭剂（含乙醇）[3]	1.43g	20.63	1.0	1.43	20.63
喷雾除臭剂（不含乙醇）	0.69g	10.00	1.0	0.69	10.00
口腔卫生					
牙膏（成年人）	2.75g	43.29	0.05	0.138	2.16
漱口水	21.62g	325.40	0.10	2.16	32.54

---

① 考虑到用于潮湿皮肤或头发的化妆品会被冲洗或稀释掉一部分，所以引入了驻留因子。

② 由于使用频率较低，所以没有计算日均暴露值。

③ Steiling 等人，2014 年：含乙醇产品是指以乙醇作为主要成分的产品。

④ 体外皮肤吸收试验的条件和使用条件不一致时，可以引入一个额外的校正因子。

表2-3　指甲油及卸甲油预估暴露水平

产品类别	每次平均使用剂量		每日平均使用剂量	
	Biesterbos等人，2013年	Ficheux等人，2014年	Biesterbos等人，2013年	Ficheux等人，2014年
指甲油	0.3g	0.3g	0.04g	0.05g*
卸甲油	2.0ml	2.7g	0.3ml	0.45g*

注：*基于不同年龄层使用者每周使用频率：平均使用频率为每周1.17次。

在防晒霜的安全边界值计算中，每次使用量为18.0g/d，但这个数值并非建议消费者的使用剂量（SCCNFP/0321/02）。在实验室条件下或在实际使用条件下，防晒霜的使用剂量在0.5~1.3g/cm^{2}之间。结果差异取决于所采取的研究方案、检测的皮肤位置以及一些其他因素。据研究，在日常使用下的防晒霜使用剂量实际比严格试验条件下获得的剂量少，这可能是因为日常使用时，在多毛的部位或手够不着的如后背和小腿等部位，防晒霜的使用量要少于其他部位。

对于一些化妆品物质，表2-2按产品类别给出的暴露值不能直接反映这些物质的整体暴露水平，因为其他产品也可能含有这些物质。现在一般采用个案分析的方法对叠加暴露进行计算，即将可能出现该物质的所有化妆品产品类别的暴露量相加，作为该物质的日均暴露量。

对于防腐剂类物质，欧盟化妆品和非食品科学委员会建议为其设定一个整体日均暴露值（SCCNFP/0321/00）。鉴于最新报道的暴露值，以及消费者可能会同时使用多种含有防腐剂的化妆品，应当在安全边界值计算中使用17.4g/d或者269mg/kg bw/d这两个暴露量进行计算（表2-4）。

表2-4　化妆品中防腐剂暴露总值计算

暴露类别	产品类型	每日平均使用量（g/d）	预计每日暴露量（mg/kg bw/d）
冲洗 皮肤、头发清洗产品	沐浴露	0.19	2.79
	洗手皂	0.20	3.33
	洗发露	0.11	1.51
	护发素	0.04	0.67
涂抹 皮肤、头发护理产品	润肤露	7.82	123.20
	面霜	1.54	24.14
	护手霜	2.16	32.70
	非喷雾除臭剂	1.50	22.08
	头发造型产品	0.40	5.74

续表

暴露类别	产品类型	每日平均使用量（g/d）	预计每日暴露量（mg/kg bw/d）
化妆品	粉底液	0.51	7.90
	卸妆乳	0.50	8.33
	眼妆产品	0.02	0.33
	睫毛膏	0.025	0.42
	口红	0.06	0.90
	眼线膏	0.005	0.08
口腔护理产品	牙膏	0.14	2.16
	漱口水	2.16	32.54
	总计	± 17.4	269

因为消费者只在一年中的部分时间段使用防晒霜，并且防晒霜一般是单独使用，不需要对防晒剂采用和防腐剂相同的暴露评估方法。防晒剂一般也存在于面霜或润肤露这样的产品中，表中已有描述。但是近年来，有研究表明防晒剂的暴露总值可能会影响安全边界值，因为很多普通产品中都含有防晒剂，但只是极少数针对人体研究得出的结论。人们最常用的防晒剂成分是丁基甲氧基二苯甲酰甲烷和甲氧基肉桂酸乙基己酯。为了解报道的防晒剂暴露值是否会影响人体健康，该研究对这两种防晒剂的叠加暴露进行了安全边界值计算，结果大于100，得出的结论是：尽管防晒剂会出现在不同种类的化妆品中，但其不会对人体造成伤害。

尽管化妆品大多数是从皮肤进入人体，但也有一些化妆品可能会通过呼吸道进入人体内（例如喷雾化妆品）。因为吸收方式暴露水平都是通过个案分析进行计算的，所以表2-3和表2-4中并没有列出对应的暴露值。例如，二羟丙酮为一种美黑剂可能在专业美容场所的喷涂室使用。对于不同的喷涂室，需要检测空气中二羟丙酮的浓度，根据默认呼吸量、空气浓度、颗粒大小以及暴露时长进行暴露评估（SCCS/1347/10）。

日本化妆品工业联合会（JCIA）安全小组委员会于2014年和2015年对防晒霜、彩妆（眼线膏、眼影、眉毛制品、睫毛膏、口红、唇彩、粉底）和以相同的方式对清洁产品（面部清洁剂、卸妆液）的日常使用情况进行了调查（表2-5）。

表2-5 日本化妆品工业联合会（JCIA）对化妆品调查大纲

时期	调查日期	调查参与者		调查产品
		人数	年龄（岁）	
2014年度夏季	2014年8月27日至9月19日	300	18~74	化妆水、乳液、乳霜、精华和隔离霜
2014年度冬季	2015年1月23日至2月16日	300	18~74	
2015年度	2015年7月10日至8月28日	300	18~69	防晒霜（日常使用、休闲使用）、化妆品（眼线膏、眼影、眉毛制品、睫毛膏、口红、唇彩、粉底）、清洁产品（面部清洁剂、卸妆液）、面霜/面膜

在汇总调查结果时，使用天数作为计算每天使用次数和每天用量的分母。而使用天数有两种可能的计算方法：一种方法使用整个调查期作为使用天数；另一种方法使用被研究产品实际使用天数。对于每天使用的产品，如皮肤护理产品或清洁泡沫，两种方法几乎没有区别。然而，对于仅在外出时可能使用的产品，这两种方法就产生不同的结果。在多数情况下，根据产品实际使用的天数计算使用次数和使用量，得到的数值较大，所以在安全评估方面数值更加保守。在这种情况下，每天使用次数的最小值为1。而在该调查的结果中，在多数情况下使用次数为<1次/天。所以是以调查期间作为分母用于计算每天使用次数，并制定产品暴露水平的参考值（下面的调查结果是以调查期间作为分母；然而在计算休闲使用防晒霜时，是以实际使用天数作为分母）。本次调查使用0.01g的精度测量质量，但眼线、眼影、眉毛产品、睫毛膏、口红、唇彩、粉底的结果以0.001g表示。需要指出的是，这些值超过测量尺度的精度水平。此外，研究调查发现几乎所有的产品类型，使用量不是呈正态分布，多数产品使用量统计的钟形曲线在较高值的一侧基部明显延长（更多的数值在低使用量一侧）。因此，使用中位数和第90百分位数作为代表性值（表2-6）。

表2-6 不同产品在调查中的使用频度及使用量

产品类型	数量（n）	每天使用次数		每次用量（g）		每天用量（g）	
		中位数	第90百分位	中位数	第90百分位	中位数	第90百分位
化妆水	425	2.0	2.0	0.74	1.62	1.36	2.99
乳液	354	1.9	2.0	0.39	0.85	0.64	1.46
乳霜	303	1.1	2.0	0.24	0.58	0.30	0.84
精华液	265	1.7	2.0	0.21	0.42	0.31	0.72
隔离霜	318	1.0	1.1	0.14	0.29	0.13	0.27

续表

产品类型	数量 (n)	每天使用次数		每次用量（g）		每天用量（g）	
		中位数	第90百分位	中位数	第90百分位	中位数	第90百分位
防晒霜（日常使用）	288	1.0	1.3	0.60	1.67	0.57	1.68
防晒霜（休闲使用/全身）	122	—	—	2.16	4.93	3.58	8.35
防晒霜（休闲使用/仅限面部或身体）	78	—	—	2.01	4.94	3.58	10.01
贴敷式面膜	263ᵃ	4ᵇ	12ᵇ	4.66	7.19	—	—
眼线膏	140	0.9	1.2	0.002	0.005	0.001	0.004
眼影	210	0.9	1.1	0.005	0.015	0.005	0.014
眉毛制品	216	1.0	1.1	0.002	0.013	0.002	0.013
睫毛膏	174	0.9	1.1	0.011	0.026	0.009	0.021
口红	202	1.1	2.0	0.006	0.015	0.006	0.019
唇彩	123	1.0	1.8	0.014	0.041	0.012	0.046
粉底	139	1.0	1.7	0.050	0.123	0.050	0.146
液体粉底	138	1.0	1.1	0.114	0.250	0.103	0.237
洗面膏	163	1.2	1.9	0.76	1.67	0.92	2.19
卸妆液	181	1.0	1.0	1.68	3.34	1.68	3.34

注：ᵃ调查人群总数 n = 263；关于使用次数的问卷调查 n = 223。ᵇ每月使用次数。

结合产品使用水平的现有信息和日本化妆品行业协会调查的结果，给出了以下化妆品产品暴露数据（每天使用的保留率考虑在内的系数）作为日本国内化妆品实践的参考值（表2-7至表2-23）。

表2-7　面部/驻留类产品

产品类型	产品暴露的推荐值	确立依据
化妆水	2.99g/d	采用JCIA调查结果（第90百分位）
乳液	1.46g/d	采用JCIA调查结果（第90百分位）
乳霜	0.84g/d	采用JCIA调查结果（第90百分位）
精华液	0.72g/d	采用JCIA调查结果（第90百分位）
隔离霜	0.27g/d	采用JCIA调查结果（第90百分位）

产品类型	产品暴露的推荐值	确立依据
粉底（FD）	0.146g/d（粉末粉底） 0.237g/d（液体粉底）	二者均采用JCIA调查结果（第90百分位）
扑面粉	0.146g/d	被认为与粉末粉底相同，因此采用粉末粉底的JCIA调查结果（第90百分位）
须后水	0.75g/d	由于使用的表面面积为面部面积的一半，频率为1次/天，所以采用化妆水JCIA调查结果（第90百分位）的1/4
总计	6.52g/d*	计算排除须后水，粉底采用液体粉底的值

注：*为暂定值。

表2-8　面部和身体/驻留类产品

产品类型	产品暴露的推荐值	确立依据
防晒霜	1.68g/d（每天使用）	采用JCIA调查结果（第90百分位）
	8.35g/d（一般休闲使用）* 10.01g/d（全身休闲使用）*	实际的休闲使用，采用了JCIA调查结果（第90百分位）。不同的休闲的定义用途也不同：对于穿有衣服（较多）的户外休闲，值为8.35g/d；如果休闲仅限于适用于全身涂抹的海洋运动，值为10.01g/d等，但这些都是暂定值
	18g/d（进行保守风险评估时）	"SCCS指南"中描述的值可用于进行保守的风险评估

注：*为暂定值。

表2-9　身体/驻留类产品

产品类型	产品暴露的推荐值	确立依据
身体霜/乳液	8.0g/d*	RIVM和CE信息是一样的，该数据也可以在日本国内使用

注：*为暂定值。

表2-10　身体（腋窝）/驻留类产品

产品类型	产品暴露的推荐值	确立依据
喷雾除臭剂	0.69g/d	采用基于CE信息（SCCS指南值）得到的值
除臭棒	1.50g/d	为确保安全，采用具有最高值CE信息的现有信息（SCCS指南值）
滚珠除臭剂	1.50g/d	为确保安全，采用具有最高值CE信息的现有信息（SCCS指南值）

注：*为暂定值。

表2-11　身体（手）/驻留类产品

产品类型	产品暴露的推荐值	确立依据
护手霜	3.4g/d*	为确保安全，采用具有最高值RIVM信息的现有信息

注：*为暂定值。

表2-12　身体（特殊类型）/驻留类产品

产品类型	产品暴露的推荐值	确立依据
芳香剂	0.1g/d*	采用FCT信息，因为日本人的使用量低于其他国家

注：*为暂定值。

表2-13　唇部/驻留类产品

产品类型	产品暴露的推荐值	确立依据
口红	0.019g/d	采用JCIA调查结果（第90百分位）
唇彩	0.046g/d	采用JCIA调查结果（第90百分位）
总计	0.065g/d*	假定分层使用唇膏产品时的暴露

注：*为暂定值。

表2-14　眼部周围/驻留类产品

产品类型	产品暴露的推荐值	确立依据
眼影	0.014g/d	采用JCIA调查结果（第90百分位）
眉毛产品	0.013g/d	采用JCIA调查结果（第90百分位）
眼线	0.004g/d	采用JCIA调查结果（第90百分位）
睫毛膏	0.021g/d	采用JCIA调查结果（第90百分位） 因为用量非常小，所以显示的值不考虑皮肤接触的比率
总计	0.052g/d*	显示为眼部周围使用的产品的总暴露水平，假设在眼部周围使用的所有类型的产品都包括特定原料（组分）进行评估

注：*为暂定值。

表2-15　指甲/驻留类产品

产品类型	产品暴露的推荐值	确立依据
指甲油	0.60g/d*	为确保安全，采用的值是根据国内值（1.4g/次×0.43次）计算的，该值是现有信息的最大值

注：*为暂定值。

表2-16　头皮/驻留类产品

产品类型	产品暴露的推荐值	确立依据
头发修复/护发素	1.0g/d	FCT报告中描述的每天使用量的值（1ml/d，相对权重设置为1）

注：*为暂定值。

表2-17　头发/驻留类产品

产品类型	产品暴露的推荐值	确立依据
理发产品	0.4g/d*	为确保安全，所采用的值是CE信息（4g/d），这是现有信息中最高的值，乘以皮肤分布率（0.1，SCCS指南值）

注：*为暂定值。

表2-18　面部/驻留类（特殊）产品

产品类型	产品暴露的推荐值	确立依据
片型面膜	2.88g/d	显示的值根据JCIA调查结果（第90百分位）计算，根据每次使用量（7.19g）×使用频率（12次/月＝0.4次/天）
撕拉型/擦拭型面膜	0.7g/d	假定实际暴露于皮肤是低的，因此所显示的值是根据每次使用量（3.7g）×使用频率（0.2次/天）的EPA值计算的
清洁霜/油	0.5g/d*	为确保安全，所采用的数值是CE信息（5g/次，频率设定为1次/天），这是现有信息中最高的值，乘以擦拭时的皮肤驻留因子（0.1，SCCS指南值）
眼妆卸妆	0.05g/d*	通过与上述相同的方式将RIVM值（0.5g/d）乘以驻留因子（0.1）来计算该值

注：*为暂定值。

表2-19　面部/淋洗类产品

产品类型	产品暴露的推荐值	确立依据
清洁油	0.033g/d*	通过将使用的卸妆用量（3.34g/d）的JCIA调查结果（第90百分位）乘以淋洗时的驻留因子（0.01）来计算
清洁凝胶	0.033g/d	
清洁泡沫	0.022g/d	通过将使用的清洁泡沫用量（2.19g/d）的JCIA调查结果（第90百分位）乘以淋洗时的驻留因子（0.01）来计算
剃须膏	0.017g/d	为了确保安全，所采用的值是FCT信息（1.7g/d），这是现有信息中最高的值，乘以淋洗时的驻留因子（0.01）

注：*为暂定值。

表2-20　面部和身体/淋洗类产品

产品类型	产品暴露的推荐值	确立依据
肥皂	0.03g/d	为确保安全，所采用的值是国内信息（3.0g/次，频率1次/天），这是现有信息中最高的值，乘以淋洗时的驻留因子（0.01）

注：*为暂定值。

表2-21　身体/淋洗类产品

产品类型	产品暴露的推荐值	确立依据
身体肥皂	0.19g/d*	为确保安全，所采用的值是CE信息（18.67g/d），是现有信息中最高的值，乘以淋洗时的皮肤驻留因子（0.01，SCCS指导）

注：*为暂定值。

表2-22　手/淋洗类产品

产品类型	产品暴露的推荐值	确立依据
洗手皂	0.05g/d*	CE报告中的值是最大值，但被判断为过大，因此采用的值是RIVM值（1g/次×5次/天）乘以淋洗时的皮肤驻留因子（0.01）

注：*为暂定值。

表2-23　头部/淋洗类产品

产品类型	产品暴露的推荐值	确立依据
洗发水	0.20g/d	为确保安全，所采用的值是RIVM信息（20g/次，频率1次/天），这是现有信息中最高的值，乘以淋洗时的皮肤驻留因子（0.01）
护发素	0.14g/d	为确保安全，所采用的价值是RIVM信息（14g/d，频率1次/天），这是现有信息中最高的值，乘以淋洗时的皮肤驻留因子（0.01）
治疗	0.13g/d	所采用的值是EPA值，即现有报告值（13.3g/次，频率1次/天）乘以淋洗时的皮肤驻留因子（0.01）
总计	0.47g/d*	显示的值是假设评估所有类型的淋洗美发产品中含相同原料（组分）的总暴露

注：*为暂定值。

　　要使用这些数据，首先应确定暴露场景，再根据需要使用暴露水平信息。例如，一些面部产品通常会相继的同时应用于面部，如果它们含有相同原料，安全评估员可以使用在面部/驻留类产品表中最后一行给出的总计6.52g/d为暴露量。在用作基料油等情况下，含有该成分的所有产品都必须合计进行评估。对于防腐剂，SCCS指南建议计算一个人可能在一天内皮肤使用的所有化妆品的整体每日暴露值。因此，为了计算最保守情况下的安全边界值，考虑到消费者可能使用一系列含有相同防腐剂的化妆品，必须使用所用化妆品的总暴露值，在这种情况下为17.4g/d，或269mg/kg bw/d。然而，防晒霜仅在一年中的有限期间使用，并且已经表明防晒剂不与其他所有化妆品组合使用。例如，将上述表格中标有"*"的项目添加到防腐剂中的SCCS指南暴露水平为17.4g/d，合计为21.9g/d。然而，可以认为给定类型的产品根据生产商的不同，在一些产品类型上具有显著差异，主要取决于诸如配方是水或油基的因素。在确定安全评估总量时，需要构建详细的暴露情景，最终将基于评估员在个案基础上的判断。

有关日本人平均体重的资料，每年都会在厚生劳动省一年一度的国家健康和营养调查结果中公布。然而，这些信息按年龄组公布，不能直接作为化妆品使用群体的平均值，而需要通过乘以人员数据比例来重新计算。虽然在评估特定年龄组时可以使用这些数据，但是对于化妆品的使用群体中的成年女性（涉及多个年龄组）的平均值比较困难。因此，建议使用产业技术综合研究所（AIST）出版的《日本暴露因子手册》。建议用于暴露评估的日本成年人体重：男性平均体重为64.0kg，女性平均体重为52.7kg；建议用于暴露评估的日本成年人体表面积：男性为16 900cm²，女性为15 100cm²。

由于没有新的详细说明身体特定区域的表面积报告，所以使用相关的报告作为计算依据。在此基础上，建立了身体特定区域的表面积（表2-24）。

表2-24 身体特定区域的表面积

区域	表面积（cm²）	SCCS（供参考）
全身表面积	男16 900/女15 100	17 500
双手表面积	男845/女725	860
头部表面积	男1200/女1102	男1220/女1130
1/2头部表面积	女551	565
1/4头部表面积	男300	305

与提供参考的SCCS指南值相比，日本人的所有值都较低。这似乎表明日本人的体质比西方人小，这被认为是有效的。

吸入方式暴露评估

喷雾式化妆品在使用过程中可能会释放一些水汽或者水雾。消费者吸入这些水汽或者水雾就产生了吸入暴露，吸入暴露的程度由所吸入的悬浮粒子或飞沫的大小决定。喷雾式化妆品主要由不同大小的飞沫和/或粒子构成，这些飞沫和/或粒子在到达呼吸道之前也可能会蒸发。一般认为质量中值直径小于100μm的飞沫或粒子可以被人体吸入。喷雾通常由三部分构成：可吸入部分、可吸入至胸腔部分以及可呼出部分，这些颗粒部分的定义可以参见欧盟工作环境测量标准EN 481。

虽然质量中值直径小于100μm的飞沫或粒子可以吸入到鼻腔或口腔，但是大于10μm的飞沫或粒子都被阻隔在了鼻腔、口腔、喉咙或者支气管。经过黏液纤毛清除后，可能仍会有一些不可溶解粒子或其成分通过口腔进入到人体内。只有质量中值直径小于10μm的飞沫或粒子可以通过口腔呼吸进入气管或肺，然后进入到肺泡或身体其他部位。这与动物实验得出的结果有所不同，动物实验中只有质量中值直径在 $1 \sim 5 \mu m$ 的粒子可以吸入到肺部。

喷雾的喷射方式大概分为两种：喷射剂喷雾和泵式喷雾。据文献报道，研究认为，喷射剂喷雾可以喷射非常细小的水雾，相当大的组分小于 $10 \mu m$，而泵式喷雾喷出的飞沫/粒子相比较就大一点，泵式喷雾喷出粒子的大小取决于喷嘴的大小。研究表明泵式喷雾可以喷出纳米级别的粒子。另外，飞沫/粒子在空气中会被快速地烘干，因为溶剂蒸发，使得这些飞沫/粒子会变得很小，小到人体可以随意吸入和呼出。所以喷雾产品安全评估不仅要考虑喷出后飞沫的大小分布，更要考虑飞沫沉淀前的大小分布。这对于含有纳米物质的喷雾化妆品来说尤其重要，不仅要考虑喷出飞沫大小也要测量干燥后飞沫的粒径分布。

喷雾剂的实际配方（表面张力）及溶剂和推进剂成分会影响飞沫喷出后的大小。飞沫的大小还与喷嘴的几何结构和瓶体的大小有关。飞沫/粒子的实际大小分布对喷雾式化妆品安全评估十分重要，因为其实际大小决定了其能够进入到呼吸道的深度。

四、风险特征描述

风险特征描述指化妆品原料或风险物质对人体健康造成损害的可能性和损害程度。可通过计算安全边界值（MoS）、剂量描述参数 T_{25} 或国际公认的致癌评估指南等方式进行描述。

1.有阈值的情况

在阈值作用的情况下，可以采用下面方程式计算安全边界值（MoS）。NOAEL是外部剂量的一个剂量描述符，而 $\text{NOAEL}_{\text{sys}}$ 是系统暴露剂量的剂量描述符，其可根据物质系统吸收的比例，由NOAEL计算得到。SED代表全身暴露剂量。

$$\text{MoS} = \frac{\text{NOAEL}_{\text{sys}}}{\text{SED}}$$

上述方程由三个重要参数组成：

（1）安全边界值（MoS）　世界卫生组织（WHO，World Health Organization）建议MoS值大于100（10×10）时可以认为化学物质的暴露是安全的，因此100也是通常接受得默认值。某化妆品原料或安全风险物质的MoS值大于100，表明该原料或物质是安全的。

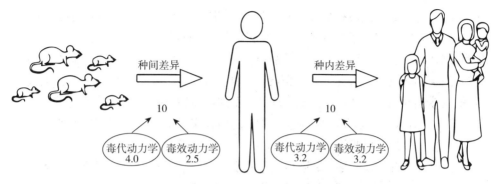

图 2-1　从动物外推到人的示意图

如图2-1所示，默认值100包括从测试动物外推到一般人群的因子10，以及考虑到人群内的种内（个体间）变化的因子10。这些因子可以如图2-2所示进一步细分。

当在测试动物和人之间以及人体与个体之间观察到相当大的定性/定量的毒代动力学差异，例如大鼠和/或人体的相关毒代动力学数据，可以根据具体情况分析，适当减少或增大种间和/或种内毒代动力学默认因子（图2-2）。

在其他情况下，例如，大鼠和人体对下丘脑－垂体－甲状腺（hpt）－心肌梗死的敏感性不同，可能需要将种间毒效动力学默认因子更改为2.5。

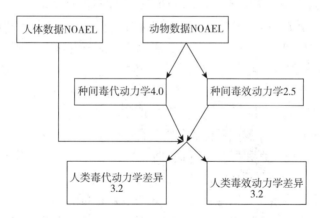

图 2-2　考虑到毒代动力学和毒效动力学对不确定性/评估因子的进一步细分

关于MoS计算需要补充的是，对于并非每日使用的化妆品，例如染发剂这种间隔三个月甚至半年以上才使用一次的产品，用每周一次或每月一次的使用水平与每日暴露该物质后获得的NOAEL值相比较会导致对风险的估计过高。将每日暴露研究得到的NOAEL与某种化妆品成分计算后的每日系统暴露量进行比较是可接受的，即使使用频率是每周一次或每月一次。需要注意的是，在某些暴露场景下的重复暴露，暴露剂量会被采用为每日使用剂量，原因如下：实际每日剂量与暴露频率无关，这意味着在某种情况下，如果职业暴露人群（如美发师）或消费者的暴露频率仅为每年数天，则暴露量是暴露日的实际剂量，而不是全年中每天的平均剂量。而消费者的每日暴露量中的"每日"，实际暴露时间可能会在1~24小时之间变化（取决于具体情况，例如消费品类型）。有时，MoS必须大于100的要求也可能会发生变化，例如在染发剂的MoS略低于100的情况下。由于染发剂只是偶尔使用以及考虑到整个评估的内在保守性，可能仍然将其视为安全的，不过这需要安全风险评估员判断。

如果有足够的证据表明化妆品成分的皮肤吸收非常低，系统暴露可以忽略不计，那么MoS计算可能并不适用（见本章第二节，透皮吸收）。因此，考虑到物质的一般毒理学特征、其毒代动力学性质及其预期用途，可以根据具体情况决定MoS的相关计算。关于MoS计算采用有效数字的位数，应基于所使用数据的精度。体内毒性数据的生物变异性通常＞10%。因此，不建议在最终MoS中保留2位有效数字的位数。

（2）系统暴露量（SED） 化妆品原料的SED估计会考虑到每天使用成品化妆品的量、成品化妆品中物质的浓度、特定物质的皮肤吸收和平均人体体重值。当化妆品不是某物质暴露的唯一来源，且其主要暴露来自其他来源（例如其他消费品、食品、环境）时，建议对叠加暴露量进行定量风险评估。

（3）NOAEL值和其他剂量描述符 未观察到有害作用剂量（NOAEL）指没有观察到有害毒理学效应的最高剂量或暴露水平。对于化妆品原料，NOAEL主要来源于90天重复剂量动物研究或来自发育毒性动物实验研究。如果一项研究的剂量方案是每周治疗5天，则在MoS计算中应使用5/7因子修正NOAEL。

关于重复剂量毒性研究中关键毒理学效应的确定，应详细评估可用的重复剂量毒性数据，来描述重复暴露时的健康危害。在这个过程中，应考虑到所有的毒理学效应，其剂量–反应关系和可能的阈值。评估应包括对效应严重程度的评价，观察到的效应是有害效应还是适应性效应，影响是否不可逆转，或者是否是更为显著影响的前兆或是否是一般毒性的继发反应。几个参数的变化之间的相关性将有助于评估效应的性质，例如临床或生物化学测量、器官重量和（组织）病理效应之间的相关性。

如果无法从可用数据中识别NOAEL，则可以在MoS计算中使用其他剂量描述符，例如观察到有害作用的最低剂量（LOAEL）而不是NOAEL。通常在计算化妆品原料的MoS时使用3为评估因子。然而，考虑到所进行的重复剂量毒性试验中的剂量间隔，剂量–反应曲线的形状和斜率（以及在某些情况下，LOAEL中看到的有害作用的程度和严重性），可以根据具体情况确定高达10的评估因子。但在某些情况下，LOAEL甚至不能用于安全评估。BMD方法可代替NOAEL/LOAEL

用作MoS计算的剂量描述符（欧洲食品安全管理局，2009年）。如果无90天的重复剂量毒性研究数据，可以在化妆品原料的MoS计算中使用来自28天重复剂量毒性研究的NOAEL。在此类情况下，在计算MoS时在可以使用默认的暴露时间外推评估因子3。

大多数化妆品成分的安全评估，会将SED与经口NOAEL进行比较。通常，在毒性研究中获得的NOAEL为经口给药的剂量，即外用剂量。对于化妆品成分的评估，是通过将内部（系统）剂量NOAEL$_{sys}$除以SED来计算MoS。对于化妆品使用成分，认为经口给药剂量只有不超过50%能被系统利用。因此，在没有数据的情况下，50%的经口给药剂量是化妆品成分的默认经口吸收值，NOAEL$_{sys}$通过将NOAEL除以因子2获得。如果有信息表明经口生物利用度差（即经口后化学物质被系统吸收利用的速度和程度低），则可以使用10%的经口吸收默认值。当经口吸收数据可用时，则使用这些数据代替默认吸收值。

对于非经口途径引起暴露的安全性评估，暴露途径之间的外推一般是比较非经口途径暴露和经口暴露的系统吸收特性差异来校正（经口）阈值。使用该方法意味着从非经口途径获得的内部剂量（化妆品的皮肤暴露或吸入暴露）必须与经口途径的内部剂量进行比较。如果经口途径的吸收为100%，则经口途径的外用或内服剂量相当。如果经口途径的吸收量小于100%（往往是此类情况），该方法可能会低估非经口途径接触的风险。因此，在从经口暴露外推到吸入暴露时，建议默认因子为2（默认经口途径吸收值为50%；吸入途径吸收值为100%）。对于在肠道或肝脏中代谢高的化学品，情况更加复杂，还必须考虑毒性的靶器官，并且可能不适合进行暴露途径外推。

2.无阈值的情况

对于无阈值作用（例如无阈值致癌作用）的情况，欧洲管理机构已经采用了两种计算生命期患癌风险的方法。欧洲食品安全局（2005年）建议使用BMDL/暴露边际法；欧洲化学品管理局采用基于T_{25}的生命期患癌风险计算方法。使用这些方法获得的结果大多相似。值得注意的是，在六例具有较高质量流行病学和动物致癌性研究中，基于流行病学数据的定量风险表征和使用T_{25}方法评估动物研究得出数据之间得差异小于3倍。

（1）生命期患癌风险计算方法 生命期患癌风险的确定有许多步骤。在确定了所需动物数据和可能的癌症类型后，剂量描述符T_{25}就可以确定下来了。T_{25}的确定过程详见欧洲化学品管理局及相关内容。

根据相对代谢速率，动物剂量描述符（T_{25}）可转化为人体剂量描述符（HT_{25}）：

$$HT_{25} = \frac{T_{25}}{(\text{体重}_{人体} / \text{体重}_{动物})^{0.25}}$$

基于终身的日均系统暴露量，生命期患癌风险通过线性外推法进行计算，公式如下：

$$\text{生命期患癌风险} = \frac{\text{SED}}{HT_{25}/0.25}$$

与生命期患癌风险相关的阈值的确定是一个复杂的问题，一些国家和国际组织认为当总人口的生命期患癌风险小于 10^{-5} 或 10^{-6} 时，风险带来的威胁就不大（SCCS/1486/12），但有时管理者考虑到其他非科学性因素，可能将阈值定得更加严格。随后，针对特定场景的实际风险是否高于或低于计算的风险需要进一步陈述。某些实测依据可量化的因素可以纳入到生命期患癌风险计算中。不能纳入定量计算的因素可以用陈述说明。

①流行病学：可用的流行病学数据，即便不能用于确定定量风险表征，也可以与动物数据得出的风险进行比较。

②不同部位/物种/品种/性别的活性：如果致癌物质在不同组织部位，不同物种及性别间都能引发癌变，那就意味着此类物质的致癌风险可能高于其他特定的癌症类型。

③剂量–反应关系：如果可用数据显示计算得出的风险水平比真实水平高或者低（也就是说数据显示针对计算得到的反应曲线说明该部分剂量–反应关系分别为超线性或亚线性），可以进行一些定性或定量的评估。

④化合物分类：如果研究物质所属化学类别含有较多致癌物质，如果这些致癌物质的 T_{25} 值都高于或低于对象物质的 T_{25} 值，那么可用数据的可信度就会降低，该类别物质的风险水平可能高于或低于评估结果。

⑤毒代动力学：人体内致癌物质或其活性代谢物的生物可用度或目标剂量数据与动物相比有较大差异时，可能表明实际风险与动物实验数据得出结果有所出入。同样的如果人体和动物的毒效动力学差异大时，实际风险也会不同。

⑥间歇性接触遗传毒性致癌物质：人的暴露剂量是基于相关场景或测量得出的，生命期患癌风险是基于该剂量进行计算。如果没有终身接触或每日接触致癌物质，例如染发剂中的污染物，那么应当根据接触的频率对日均剂量进行调整（对于每月使用一次的长效染发剂，预估接触剂量应当除以30）。

（2）暴露边际方法　欧洲食品安全局建议使用暴露边际的概念对遗传毒性物质及致癌物质的风险水平进行评估。暴露边际是指动物体内癌症形成的剂量描述符与每日系统人体剂量的比值 [暴露边际=BMDL10（T_{25}）/SED]。剂量描述符BMDL10或 T_{25} 的使用是依据动物致癌性的数据质量以及研究所用剂量水平的数目决定的。

欧洲食品安全管理局总结认为"动物研究中基于BMDL10时，暴露边际应为10 000及以上，基于T_{25}时，暴露边际应为25 000及以上；这两个数值都意味着公共卫生风险水平不高，暂时不需要采取风险管理措施"。这两个值根据大鼠试验T_{25}的方法进行定量风险评估得出7×10^{-5}及3.5×10^{-5}左右的生命期患癌风险而设定。

第四节 化妆品原料的风险评估

化妆品原料，大部分是化学物质，但也不可忽略化妆品中可能存在的安全性风险物质。所谓的安全性风险物质，主要是由化妆品原料带入、生产过程中产生带入，可能对人体健康造成潜在危害的物质。因此对化妆品产品进行安全评价的前提，是建立在对每一种原料的风险评估基础上的。

一、化妆品原料的风险评估原则

化妆品原料成分安全性评价采用国际上通用的化学品安全性评价的方法及原则。化妆品原料的毒理数据分析安全性评价应遵循证据权重（Weight of Evidence）的原则，充分考虑所有相关科学数据，包括：人体安全数据、体内试验数据、体外试验数据、定量构效关系（Quantitative Structure–Activity Relationship，简称：QSAR）、化学分组（Grouping）、交叉借读参照（Read–Across）数据，应考虑其毒理学意义、生物学意义和统计学意义。不得使用风险收益原理证明化妆品对人体健康风险的合理性。

二、化妆品原料的理化性质

物质的物理和化学性质是至关重要的信息，因理化性质可能为预测某些毒理学特性提供线索。例如，一个小分子量（MW）疏水化合物比大分子亲水化合物更容易穿透皮肤；含有高挥发性化合物的产品用于皮肤时，可能导致相关的吸入暴露等。物理和化学性质还可确定物质的物理危害（如可爆性、易燃性）。一些QSAR方案和经验模型需要对比物理和化学参数，以评估新化学物质的性质和潜在生物学作用。此外，一些原料信息，例如来源、纯度、可能携带的杂质等都是会影响安全风险评估的结果，原料的使用目的、功效用量以及使用历史等也是风险评估中比较重要的参考信息。

根据产品配方和原料的具体情况，需要收集的理化性质可以参考表2–25，根据具体情况调整。如果该原料为多组分物质，则需按下表提供原料中各成分的理化性质，也可根据具体情况调整。

表2-25　化妆品原料理化信息表

	内容	数据	备注
名称信息	INCI名称		
	标准中文名称		
	化学名称		
	商品名或通用名		
	CAS号		
	EINECS/ELINCS号		
	分子式/结构式		
	分子量		
	纯度		
	杂质		
物理状态	状态		
	色泽		
	香气		
理化性质	溶解性		
	脂水分配系数		
	密度		
	熔点/沸点/燃点		
	闪点		
	密度		
	pK_a		
	稳定性说明		
	其他有用信息		
原料应用情况	使用目的或功效		
	功效用量		
	其他行业应用概况		

三、矿物、动物、植物和生物技术来源的原料

矿物、动物、植物和生物技术来源的原料，其物质的性质和制备过程会影响鉴定所需数据的类型和数量。

1.矿物来源的原料，应包括以下内容

（1）原料来源。

（2）制备工艺　物理加工、化学修饰、纯化方法及净化方法等。

（3）特征性组成要素　特征性成分（％）。

（4）组成成分的理化特性。

（5）微生物情况。

（6）防腐剂和/或其他添加剂。

2.动物来源的原料，应包括以下内容

（1）物种来源（牛、羊、甲壳动物等）及器官组织（胎盘、血清、软骨等）。

（2）原产国。

（3）制备过程　萃取条件、水解类型、纯化方法等。

（4）功效成分含量。

（5）形态　粉末、溶液、悬浮液等。

（6）特征性组成要素　特征性的氨基酸、总氮、多糖等。

（7）理化特性。

（8）微生物情况（包括病毒性污染）。

（9）防腐剂和/或其他添加剂。

3.植物来源的原料，应包括以下信息

（1）植物的通用名称。

（2）种属名称，包括物种、属、科。

（3）所用植物的部分。

（4）感官描述　粉末、液态、色彩、气味等。

（5）形态解剖学描述。

（6）自然生态和地理分布。

（7）植物的来源，包括地理来源以及是否栽培或野生。

（8）具体制备过程　收集、洗涤、干燥、萃取等。

（9）储存条件。

（10）特征性组成要素　特征性成分。

（11）理化特性。

（12）微生物情况，包括真菌感染。

（13）农药、重金属残留等。

（14）防腐剂和/或其他添加剂。

（15）如果是提取液，应说明包含的溶剂和有效成分的含量。

4.生物技术来源的原料，应包括以下内容

（1）制备过程。

（2）所用的生物描述　供体生物、受体生物、修饰微生物。

（3）宿主致病性。

（4）毒性成分，包括生物代谢物、产生的毒素等。

（5）理化特性。

（6）微生物情况。

（7）防腐剂和/或其他添加剂。

四、香精香料

香精香料应符合我国相关国家标准或国际日用香料协会（IFRA）标准，此外，还应包括以下内容：天然来源的成分在香料混合物中的半定量浓度（<0.1%；0.1%至<1%，1%至<5%，5%至<10%，10%至<20%，20%及以上）。

对于天然原料，应具有以下信息：①该批次天然原料的组分分析；②天然原料中组分的最高含量水平，应考虑到批间差异；③应明确说明使用了最大浓度化合物的化妆品类型。

第五节　化妆品产品的安全性评价方法

虽然各国对于化妆品的定义不尽相同，用于评估化妆品安全性的手段也不相同，无论是欧美基于原料的安全风险评估，还是我国对于化妆品成品的检验（包括理化、毒理和微生物等方面），都是为了保证终产品的使用安全。各国法规对于化妆品产品的安全性追求及要求是一致的，就是以不能危害消费者的人身健康为准则。

一、化妆品产品的安全性评价原则

每种化妆品都是由许多不同的原料组成，这些原料基本上可以看成化学物质，只要有每种化学物质的相关毒理学终点的信息，就可以通过分析每种原料

的毒性来进行安全风险评估。在一些案例中，进行安全评估时还需要其他相关信息，例如针对不同目标群体（婴儿、皮肤敏感人群）的化妆品、会提高皮肤渗透性和/或皮肤刺激（渗透促进剂、有机溶剂、酸性成分等）的物质、不同物质间的化学反应、制剂（脂质体或囊体）等。对成品安全性进行深入评估后，安全评估员预计在可预见的使用条件下不会导致不良反应，因此建议产品最终上市前，进行志愿者的人体兼容性测试。

安全评估员在化妆品安全风险评估过程中需要进行一定的科学推理，要考虑到不同原料及成品的可用毒理学数据（有利或不利的）、物理和/或生物反应、预计暴露方式以及可能的暴露方式。当一种物质的NOAEL可用时，可对其安全边界值进行计算和分析。安全评估员的评估结果必须经过充分论证，其中的重点物质也要特别关注（例如香水、紫外线隔离成分、染发剂等）。安全评估员可以接受、驳回或在一定条件下接受产品配方。产品责任人必须严格遵守安全评估员提出的建议。

在欧盟，产品的风险评估报告由产品责任人留存，监管部门可采取现场核查、监督抽检、查验企业的风险评估资料等手段，定期检查产品的安全性，产品责任人应及时记录产品对人体产生的不良反应或严重不良反应（消费者投诉），并考虑对产品重新进行评估。在欧盟法规（EC）No 1223/2009中定义的不良反应或严重不良反应如下：不良反应是指在正常和合理的可预见使用下，由于使用化妆品导致的人体产生的不良反应；严重不良反应是指引起暂时或永久性功能丧失、残疾，先天畸形或直接的致命危险或死亡的不良反应。

安全评估员必须在产品信息档案（如PIF文件）中列出产品符合安全要求的理由。安全评估员可以是外部咨询人员，也可以由产品责任人聘请。安全评估员与产品生产或销售之间不得有任何形式的联系。安全评估员必须要有毒理学方面的经验或相关工作背景，要能够独立做出与产品安全相关的决定。

二、产品理化稳定性评价

化妆品产品应当具有一定的物理稳定性，保证运输、存储过程中不会发生物理状态的改变（例如乳剂凝合、相分离、结晶或沉淀等）。事实上，温度、湿度、紫外线、机械压力等都会影响产品的质量以及消费者的使用安全。应当根据产品类别及其用途进行相关稳定性测试。为了保证产品包装不会引起稳定性问题，现在一般都使用惰性容器，并对产品初级包装进行稳定性测试。同时，还对包装物质迁移的可能性进行研究。

对于即将投放市场的每批产品，要详细控制其相关物理及化学参数。一般参数如下。

（1）物理状态。

（2）混合方式（o/w或w/o型乳剂、悬浊液、液剂、粉末、气雾剂）。

（3）感官性质（颜色、气味等）。

（4）液体混合物特定温度下pH值。

（5）液体产品特定温度下黏度。

（6）其他。

生产商要对每一批次产品测试所用的标准及方法、得出的结果进行详细说明。

三、产品微生物学评估

人体通过自然机械屏障和其他不同的防御机制来保护皮肤和黏膜不受外部侵害。但是有些化妆品可能会损害这些防御机制，增加微生物感染的可能性，尤其是用于眼部、黏膜、受伤的皮肤产品，以及三岁以下儿童、孕产妇、老人以及有免疫系统功能障碍等特殊人群用的化妆品。目前，我国对化妆品微生物的要求分为两大类：①第一类：眼部化妆品、口唇化妆品和儿童化妆品。②第二类：其他化妆品。

微生物污染物的来源大概有两种：生产及灌装过程和消费者使用过程。从打开产品到用完产品，屋内环境或与消费者皮肤（手和头）接触会带来大量不同的微生物污染物。

化妆品进行微生物防护的原因：①确保化妆品的微生物安全性；②维持产品的质量和规格；③确保卫生及保证操作的高质量。

虽然只有少数情况下会出现消费者微生物感染，但是微生物污染物还是可能会对消费者身体产生伤害，或者引起产品变质。

为了保证产品的质量和消费者的安全，产品责任人应当定期分析每批次产品的微生物学特性。某些类别的产品，因不适宜微生物生长（例如酒精含量＞20%），不需要进行成品微生物测试（ISO 29621，2010年）。每批次产品的检验参数、采用的标准和方法以及得出的结果都要进行记录并报告。

1.定量及定性标准

对于第一类产品，菌落总数不能超过500CFU/g或500CFU/ml（CFU约菌落形成单位）；对于第二类产品，菌落总数不能超过10^3CFU/g或10^3CFU/ml；霉菌和酵母菌总数不超过10^2CFU/g或10^2CFU/ml。铜绿假单胞菌、葡萄球菌、白色念珠菌被认为是化妆品中的主要致病菌，化妆品中不得检出致病菌。

2.微生物挑战试验

为了确保产品中的微生物稳定性以及存储和使用过程中的保存（防腐效能），

需要通过挑战试验对处于研发中的化妆品进行微生物挑战试验，因为在正常存储和使用过程中这些产品都有可能会变质或引起消费者感染。

挑战试验中人为在化妆品产品中混入一定量的微生物而后进行一系列后续评估步骤，以考察产品在保质期内和正常使用的情况下符合产品相应的微生物限量要求。试验所用的微生物为标准菌株，以确保试验的再现性，菌株包括铜绿假单胞菌、金黄色葡萄球菌、白色念珠菌和霉菌。

挑战试验的一致性主要取决于微生物污染化妆品的能力，而非微生物的类别、初始浓度、培养环境。挑战试验最好选用那些被证明可能污染化妆品的微生物。试验过程中，必须通过冲洗、稀释、添加中和剂等方式排除防腐剂及其他成分等影响因素。

挑战试验以及试验中的微生物控制必须由微生物学专家负责。如前文所述，产品责任人必须通过挑战试验对产品的防腐效能进行评估。但是目前还没有法定或通用的挑战试验方法，所以责任人可参考美国药典或欧洲药典中的微生物挑战方法进行检测。

3.良好生产规范（GMP）

为符合良好生产规范及微生物质量管理的相关要求，化妆品生产商必须遵守相关清洁、控制程序，确保所有设备和物质干净无大面积微生物。相关程序还包括原材料、散装和成品、包装、员工、设备以及存储空间的微生物控制。

GMP相关标准可以参考欧洲标准化委员会（CEN）的要求（详见http://www.cenorm.be/cenorm/index.htm）和/或国际标准化组织（ISO）的要求（详见http://www.iso.org/iso/en/ISOOnline.frontpage）。我国化妆品生产对化妆品生产企业实行生产许可制度，企业在从事化妆品生产前，应满足《化妆品生产许可工作规范》中的各项要求，通过监管部门审核，获得《化妆品生产许可证》。

四、风险管理与风险交流

1.风险管理

风险管理是根据风险评估的结论，分析和权衡对化学物质如何进行管理的决策过程，以减少对人体健康或者生态环境的危害。风险管理的目的是综合社会、文化、种族、政治和法律等因素，通过对风险的认识、衡量和分析，选择最有效的方式，达成科学的、有效的、完整的措施，主动地、有目的地、有计划地处理风险来降低或者预防风险，以最小成本争取获得最大安全保证。美国风险评估和风险管理总统/国会委员会在1997年发布了《监管决策中的风险评估和风险管理》，提出了风险管理框架（图2-3）。这种风险管理框架在全球范围内基本被广泛接受和应用，只是在风险管理指南上的术语表达存在差异。

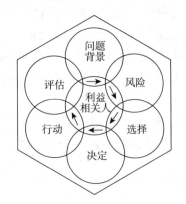

图 2-3　风险管理框架

风险管理框架包括六个阶段。

（1）确定危害及其产生的背景　通过对危害的鉴别及产生背景的分析，确立风险管理的目标，推动风险管理者采取相应行动来解决问题。

（2）制定恰当的风险评估原则对危害所带来的风险进行分析　通过风险评估分析什么样的风险可能会产生，包括影响对象、影响程度、影响的不确定性。同时需要保证风险评估的科学性和可靠性。

（3）研究解决风险的措施　根据风险分析的结论确定风险管理措施，分析各措施的有效性、可行性、成本和收益、可能带来的后果以及社会影响。由于管理的迫切性，某些情况下即便风险评估正在进行之中或者没有确定的结论，也需要决定风险管理措施。

（4）决定采纳何种解决措施　基于最优的风险管理方案设计，保证解决措施能够涉及风险的多个方面、多种媒介、多个源头和多种背景，充分顾及政治、社会、法律和文化影响，也适当倾斜于能够鼓励创新、评估和研究的管理措施。

（5）具体执行解决措施　传统意义上，措施的执行者是政府和监管机构。根据不同的情况，也鼓励公共组织、社会团体、工业界、技术专家以及消费者自身参与到风险管理中去。

（6）评价风险管理措施的结果　根据风险的控制以及措施的实施情况，风险的各利益相关者相互交流和评估风险管理措施是否恰当。包括分析风险控制措施是否有效，成本和收益是否符合预期，是否可以改进，是否有未预期的风险产生，是否有关键信息缺失导致控制失败，以及经验总结以指导未来的风险管理决策等。

风险管理框架的实施需要所有利益相关者的参与和合作，当新的风险信息产生并可能改变风险管理时，需要重复风险框架的六个步骤来确定新风险管理措施。利益相关者指和风险管理相关的以及可能被风险影响的任何一个个体或者群体，包括政府监管机构、生产企业、消费者、社会团体、新闻媒体、学术界、医疗工作者等。

从世界各国的化妆品风险管理经验来看，对原料的主要管理措施有：设置化妆品中使用浓度上限或者限定在某类产品中使用；有条件的批准某些功能类别原料的使用清单，比如防腐剂、防晒剂、着色剂和染发剂等；禁止危险物质的添加等。对化妆品产品的风险管理措施有：化妆品产品质量控制，化妆品生产标准化管理，化妆品标签、标识、注意事项、警示语的规范化管理，化妆品安全宣称的控制和管理等。

实现化妆品风险管理的途径有以下几个方面：一是科学监管。化妆品安全风险管理是一个系统的工程，需要通过政府有计划有步骤的构建包括化妆品评估方法、管理措施以及市场监督管理在内的风险控制体系。需要政府鼓励和支持开展与化妆品安全相关的基础研究、应用研究以及先进技术和管理规范的研究。此外，树立科学的监管理念，健全法律法规体系，推进依法行政，全方位保障研究与实施化妆品风险管理措施的正常运转，也需要政府机构的主导和大力推进。二是企业自律。企业作为化妆品安全的第一责任人，在化妆品及原料生产经营过程中，要加强内部评估和管理，保证产品研发、生产和销售的安全性。尤其在研究和创新方面，需谨慎选择配方组成成分。对使用的原材料进行完善的安全风险评估，检查产品的人体局部耐受性，保证产品的稳定性和微生物控制效果。同时选择适合的包装以及标签和警示语，尽可能避免消费者误用或者意外的产生。此外，建立产品上市后监测体系和召回制度，根据产品上市后的安全数据，完善化妆品的安全评估，控制产品风险。三是相关的行业协会或公益性组织的适当引导。相关行业协会和公益性组织在风险管理过程中，作为政府机构、企业和消费者之间的桥梁，是政府机构和生产企业的有力补充。行业协会或公益组织可以研究和发布化妆品和原料的安全风险评估进展，为完善政府机构化妆品安全管理制度提供服务；帮助企业完善风险评估方法和质量管理标准，通过行业自律加强企业对产品的安全管理；统计和调查市场上化妆品的使用状况，根据消费者的需求，不断完善风险管理措施。四是全社会的参与。化妆品研究、生产和经营相关的各社会团体、新闻媒体、群众组织以及消费者在化妆品风险管理过程中都可以起到公益宣传和舆论监督的积极作用，对化妆品安全管理工作具有建议权，对化妆品生产经营违法行为具有举报权。充分发挥全社会的能动性，对快速有效发现和控制化妆品的安全风险，具有重要意义。

需要提及的是，在化妆品风险安全管理的过程中不仅要考虑产品对人体健康的危害，也需要考虑产品的物理化学性质和环境危害。比如有些化妆品溶剂具有可燃性；某些喷雾类产品由于使用压力封存容器，可能具有燃烧或者爆炸的风险；有些对人体健康风险较低的物质可能具有环境蓄积性或者水生生物毒性，可能会污染土壤和水资源；此外，一些化妆品的包装过于类似食品包装或者包含小零件有被儿童误食的风险。这些风险不完全在人体健康风险的评估范畴内，但仍可能对人体和环境产生危害，在风险管理过程中必须要考虑这些因素，以保证消费者的使用安全。

2.风险交流

风险交流是风险管理过程中的主要元素之一。WHO/FAO将风险交流定义为一个风险评估者、风险管理者、消费者、其他相关利益者相互交换风险信息和意见以及其他和风险相关因素的过程。所有的利益相关者应当在风险分析的开始就参与其中，通过风险交流充分了解风险分析的每一个过程，这有助于他们清楚地了解风险评估的逻辑、结果、意义及其局限性。

风险交流的目的是为了提高所有利益相关者对风险分析过程中具体问题的认识和理解，加强交流和风险相关的信息、知识、看法、价值、行为和观念，推进风险管理的一致性和透明度。风险交流可以为风险管理决策的提出和实施提供合理依据，提高风险分析的有效性和可靠性，同时促进开展有效的风险管理信息教育活动，培养公众对安全管理的信任和信心。

风险交流的首要原则是了解谁为受众，不同的受众需要不同的交流方法和内容，当然这种交流方式的调整和选择并不是为了掩盖风险，而是为了顾及不同受众的接受程度，从而达到有效的交流。其次风险交流需要专家的参与，科学研究风险交流的专业技术，发展和完善风险交流的方法。同时风险交流必须要保证传递正确的信息和信息来源的准确性，信息的正确与否是风险交流成功的基础。此外，风险交流还需考虑到社会文化和情感的需求，区分科学事实和实际措施的异同，注重风险交流的实效性。

风险交流包括的信息有：口头称述、图片、广告、出版物、警告标志或者和风险相关的描述、解释、主张或行动的宣传活动。有时其只局限于描述风险或和风险相关的科学研究；有时则包括更广泛的内容，比如特定的危害或风险的发现，危害发生前的发展，和其他危害的比较，或者随之而来的对相关利益者的影响以及替代方案的风险和优势。

在风险交流中各利益相关者具有不同的角色，行使不同的功能，政府机构在风险交流过程中需担负最根本的责任。为了控制和管理风险，政府机构有责任向其他利益相关者沟通风险相关的信息，保证风险分析的一致性和透明度，并且采用适当的交流和教育方式保证信息可以被正确的理解。受到经济社会文化的影响，对不同的受众采取不同的交流方式。工业界在风险交流中的责任是保证产品的质量和安全，以及通过适当的方式告知其他利益相关者产品可能存在的风险。由于工业界是产品研发、生产、流动和销售的主导者，最了解影响产品安全的潜在因素，因此生产企业应该是风险评估和管理的主要信息来源。通过工业界和政府机构之间定期的信息交流，可以有效地建立风险管理的评估方法、安全标准、标识以及警示等。相关行业组织和协会是风险交流中的重要参与者，它们可以给企业和政府机构提供重要的信息和建议，帮助建立风险评估方法以及构建有效的风险管理措施，引导其他利益相关者正确认识风险管理。消费者以及消费者相关组织在风险交流中可以向风险的管理者提出它们对特定问题的关注和意见，帮助政府机构和工业界完善向消费者提供的风险和管理信息。学术界和研究机构作为风险研究的专家，一方面可以通过研究提供更有效的风险分析方法和观点，或者提出新的和风险相关的问题；另一方面作为独立的信息来源，从科学角度引导消费者正确的理解各种风险和管理风险的方法。新闻媒体在风险交流中起到非常关键的桥梁作用，是公众对风险问题了解的主要来源。媒体既可以向公众传递风险相关的信息、问题以及评论和解释，同时也可以帮助风险管理者了解公众关注的焦点问题，做出及时有效的反应。

风险评估、风险管理和风险交流作为风险分析的三方面，实质上是三个统一的相互影响的过程，同属于一个框架。在研究风险分析的早期阶段，风险评估、风险管理和风险交流被认为是相互交叉而又相对独立的三个过程，风险交流被认为是风险评估和风险管理的补充。现在风险交流的重要性被充分的认识，其应该贯穿风险分析的全过程，2006年FAO/WHO提出了新的风险分析框架，把风险评估和风险管理置于风险交流之中，如图2-4所示，这充分地体现了风险交流在风险分析中的桥梁作用。

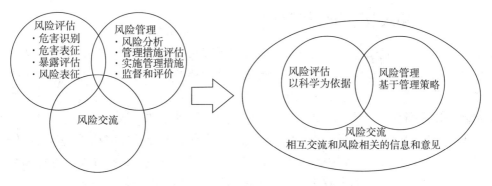

图2-4　风险分析中的风险交流地位的变化

化妆品的风险交流，首先必须明确的是化妆品风险分析的目标是保证产品不具有明显的安全风险。所以化妆品的风险交流包括两块内容，一是面向风险管理者，通过双向和多向的风险交流，完善风险分析，进一步保证化妆品的安全性。如果发生和化妆品安全相关的不良反应事件，如何通过有效的风险交流机制及时地传递给风险管理者，实施补救措施。由于化妆品推陈出新的速度很快，经常会有新的概念，新的使用习惯产生，所以风险管理者也需要积极关注市场动态，采取有效的风险交流方法，充分了解消费者的使用习惯，随时调整和修改风险评估方法，改变产品或原料的管理办法，控制化妆品安全风险。二是面向公众，进一步普及化妆品使用和安全知识，让公众了解化妆品安全工作进展和管理现状。虽然化妆品的风险分析要求其不能含有明显的安全风险，但是从科学角度讲，世界上没有百分百安全的事物。通过普及化妆品使用和安全知识，可以避免消费者发生误用以及意外。例如有些产品类别针对的是特定目标人群，有些需要限定使用方法或者使用警示，这些必须明确无误的传达给消费者。同时，普及化妆品使用和安全知识可以让公众了解化妆品的风险评估方法和具体管理措施，消除恐慌情绪，建立对化妆品的安全信心，促进化妆品行业健康有序的发展。

在化妆品包装海报以及各种媒体广告中，会出现多种和安全相关的宣称。这种宣称实质上也属于风险交流的范畴，比如适合敏感肌肤使用（Suitable for Sensitive Skin）、低致敏产品（Hypoallergic）、经皮肤科医生测试（Dermatologist Control）等。由于各国的法规监管差异，不同国家和地区允许使用的安全宣称可能有所不同，但当产品使用这些安全宣称时，必须保证有相应的证据支持。大部分情况下，需要产品经过适当的人体学试验来证明，这种人体学试验必须要符合临床试验的伦理学要求，而且需要在有经验且有资质的安全评估员的监督下开展，并对结果做出解释。安全宣称在化妆品广告中使用非常广泛，但不能使用表达模糊的口头或书面语言，导致消费者产生误解，出现误用或者滥用。

五、产品上市后的安全监测

产品上市后的安全监测也常说成化妆品不良反应监测，是化妆品安全管理不可分割的组成部分。无论如何对安全数据深入分析和试验结果进行评价，对原料和生产质量进行控制，仍然可能出现未预见的情况。当一种产品上市时，由于消费者个体之间存在年龄、皮肤状况、接触史、产品使用和生活方式等的差异，因此不良反应的出现也是无法避免的。产品上市后的安全监测即对正常或合理可预见情况下使用化妆品过程中或使用后对自发上报的不良事件进行收集、评估和监测。在使用化妆品过程中或使用后所出现的与健康相关的事件一旦满足以下四个标准，即被视为不良事件，继而进行收集、评估及监测。不良事件的四个标准为：①确切的消费者或者报告者；②确切的产品；③所报告的反应的具体描述（仅报告"反应"或者"过敏"不应视为不良事件）；④所报告的反应发生日期（至少应有发生的年份）。

对收集到的不良事件进行回顾及分析，其目的主要为：①对上报的不良事件的趋势进行监测；②有助于识别安全性信号；③通过上市后的经验完善上市前的安全风险评估；④对产品配方更改前后的安全性进行比较；⑤确认上市后产品具有良好的安全性；⑥对特定原料进行监测；⑦对特定人群进行监测（婴儿，儿童等）。

根据不同的上市后不良事件数据，企业可能的处理措施有：①产品的安全性得以确认，无需任何追加措施；②为了加强产品的安全性需要添加警示语（例如一些含有刺激性成分的产品，尽管上市前安全评估已经保证产品不会引起严重眼刺激发生，但上市后安全监测数据提示该产品仍易引发眼部不适，需要添加避开眼周使用的警示语，从而避免眼部不适的发生）；③或者调整某些成分的浓度等。

关于产品上市后的安全监测，欧盟法规要求责任人或者经销商向严重不良反应所发生生地的成员国的主管部门通报严重不良反应，以及通报所采取的纠正措施。严重不良反应数据应作为化妆品安全评估报告（CPSR）的一部分，而且可被公众获取。欧盟定义的严重不良反应包括造成机体功能暂时性或永久性缺失、致残、住院治疗、先天异常或直接性生命风险或者死亡。

第六节　毒理学关注的阈值

毒理学关注阈值的概念

毒理学关注阈值是一种用于鉴定无毒性暴露水平的风险评估工具。目前此类方法主要用于评估食品接触材料（只在美国使用）、食品调料、药物基因毒性杂质以及杀虫剂在地下水中的代谢物。此类方法也广泛用于其他相关领域。SCCS/SCHER/SCENHIR（SCCP/1171/08）已经评估了使用毒理学关注阈值方法对化妆品和消费品进行风险评估的方案。

毒理学关注阈值的概念是基于这样一个原理，即建立一个人体通用的化学品暴露阈值，阈值以下不会对人体产生系统性不良反应。这个概念是基于从可用数据库到化学物质进行的毒性数据外推，其中化学物质的化学结构已知，且没有或基本没有相关毒性数据。毒理学关注阈值评估方法所依据的数据来源于两个数据库，一个包含1500多种化学物质的动物实验致癌性数据（致癌物质效力数据库）

和一个包含其他毒理学终点的数据库，其中包含613种化学物质（Munro数据库）。两个数据库都是基于经口暴露后的系统效应。

使用毒理学关注阈值进行风险评估时，有以下几点要求：①数据库的质量和完整性；②暴露数据的可靠性；③合适的外推。欧盟科学委员会认为还需要在每个独立领域作进一步研究。

TTC方法用于评价化妆品、消费产品和其他产品对人体健康的风险

欧盟消费者安全科学委员会认为使用毒理学关注阈值（TTC）对低级化学物质引起的系统毒性效应进行风险评估基本可行。使用毒理学关注阈值时需要对个案进行具体分析，而且需要专家进行论证。毒理学关注阈值法不可用于一些特定的化学类别，详见SCCP/1171/08（2012年通过）。

使用毒理学关注阈值法对没有基因毒性风险的化学物质进行评估时，一般先对物质化学结构进行分析，然后用Cramer分类法将物质的系统毒性分级。但是Cramer决策树对一些化学物质的分类可能会有偏差。

欧盟消费者安全科学委员会认为现阶段并没有可用的数据库可以支持CramerⅡ类的毒理学关注阈值，所以这些物质应当划分到Ⅲ类中。其原则上认可将物质分为Ⅰ类和Ⅲ类两种。将一种物质划到最低毒性分类〔Ⅰ类，1800微克/（人·天），也就是30μg/kg bw/d无基因毒性风险的物质〕时，应当仔细分类并进行验证。如果Ⅰ类物质的分类不符合要求，科学委员会建议分类为Ⅲ类化合物〔90微克/（人·天），也就是1.5μg/kg bw/d无基因毒性风险的物质〕作为默认值。在扩大类别范围前，应当集合目前所有科学信息对不同毒性的物质结构类型进行定义，例如应当根据最新毒理学知识对分类表进行调整。

就目前而言，有遗传毒性风险的物质，其TTC的默认值为每人0.15μg/d也就是2.5ng/kg bw/d，包括可能与DNA产生反应的物质，但此类方法仍需要更多的科学依据支持。可以通过数据库扩展、致癌性研究分析、异速率测定调整因子和/或用T_{25}或1%、5%或10%的基准剂量作为线性外推的起始点，来获取更多的科学依据。

通常来说，毒理学关注阈值的单位是剂量/（人·天）。为了适用于整个种群，包括所有年龄层，所以毒理学关注阈值的单位应为剂量/（体重·天）。需要特别注意6个月以下婴儿的值，当预估暴露水平接近于毒理学关注阈值设定的容许暴露水平时，尤其注意因为婴儿的新陈代谢发育还不成熟导致的影响。就监管层面而言，毒理学关注阈值的概念主要用于评估暴露水平比较低的物质。从科学的角度看，毒理学关注阈值法可以用于评估化妆品、其他产品以及化学品等消费者可

能接触到的产品。但是毒理学关注阈值法只能评估系统效应，目前来说还不能应用于评估局部效应。并且也不能评估过敏反应、超敏反应以及不耐受性等现象，因为这些效应的剂量-反应关系不明确。

就化妆品原料评估而言，需要进一步开发、验证现有的数据库。从科学的角度看，有意添加的物质与无意掺入的污染物之间没有明显的区别。毒理学关注阈值能否用于评估这两种物质取决于暴露条件、化学结构以及是否有可用的数据库。毒理学关注阈值只能用于评估结构明确的化学物质，其结构要能够在毒理学关注阈值数据库中找到，并且还要有可用的暴露数据。必须注意的是，金属元素、蛋白类、激素类以及可能具有药理作用的化学物质则不建议使用毒理学关注阈值。

同时，SEURAT-1 COSMOS项目（欧盟框架计划7）对此也进行了深入的研究，对于化妆品相关的化学品进行非癌性毒理学关注阈值的研究。该项目建立了一个全面的高质量的COSMOS毒理学关注阈值数据集，其中包含560种化学品（495个和化妆品相关）。对所有的风险评估来说包括使用TTC进行评估，恰当的暴露研究是必须的。消费产品很容易产生生物学上的暴露，尤其是频繁使用的消费产品，包括经口暴露（例如口腔器官）、皮肤接触和/或吸入暴露（例如玩具、化妆品或清洁产品）。毒理学关注阈值法应当在内暴露剂量的基础上对化妆品原料进行评估。

第七节　数据信息来源

在进行毒理学评估时，如何评价现有信息或数据的质量和完整性，是获得可靠评估结果的重要前提。在现有毒理学数据已经能够符合危害识别和表征的要求时，就可以不需要进一步的试验研究，从而节约评估时间、成本以及更符合伦理学要求。

在1997年Klimisch等报道了对数据质量评估的具体方法如下。

（1）相关性　已知数据或测试是否适合用于某一个或多个毒理学终点的危害识别和表征。

（2）可靠性　评估一份毒理学试验报告或文献报道是否符合标准化测试方法的要求，通过对试验步骤和结果的分析，以判断试验发现是否清晰可靠。

（3）适用性　确定现有数据是否充分和恰当。如果在某个毒理学终点有超过一份毒理学数据或者试验时，要根据数据的相关性和可靠性选择最恰当和充分的数据来对某一个毒理学终点进行评估。

一、数据的相关性

在考虑数据相关性时，可从如下一些问题进行考虑。

（1）受试物的化学组成是否和评估成分一致或者相似？

（2）被试物种的选择是否恰当？

（3）测试中的暴露方式是否和真实暴露方式相关？

（4）试验剂量的选择是否恰当？

（5）关键试验参数的选择是否影响试验结果对该毒理学终点的解释？

人体数据一向被认为是人体毒理学最相关的信息来源。但是较多的不确定因素会影响结果的可靠性，通常和动物、替代方法以及其他数据一同考虑，以确认这些人体数据是否相关。最终确认是否采用这些人体数据。

评价实验室的动物实验是否和人体毒理学相关，主要参考毒代动力学和毒效动力学试验数据。对评估成分在人体和实验动物的毒代动力学数据差异进行分析，即便是毒代或毒效动力学数据非常有限，有时也可以提供非常重要的参考。当有数据支持评估成分的毒理学效应和受试物种特殊性相关，也就是说在对某一物种的测试中发生的效应不太可能在其他物种中产生，尤其是不太可能在人体产生，那么通过充分的和系统的论证后，我们可以认为这个研究和人体毒理学评估的相关性不高。

二、信息的可靠性

在评价某一个毒理学研究的可靠性时，必须要谨慎的评估该毒理学研究的质量、方法、结果以及结论。研究的可靠性不高主要由几个方面导致：①使用过时的研究方法进行测试；②受试物的纯度或成分信息缺失；③试验技术不够或者试验方法过于粗糙；④没有记录或检测和研究及该毒理学终点相关的关键信息；⑤报告的不完整或者研究缺少基本的质量保证也会影响信息的可靠性。

Klimisch开发了一套评级系统用来评估数据的可靠性，进而开展对人体健康毒性的风险评估如下。

第一类，数据可靠。该类研究报告完整，采用被认为是公认的、或经过国际相关组织验证过的、相关国家承认的或研究中描述的测试方法经比较后认为和上述方法一致的试验方法，以及该研究是在严格的实验室体系下（如GLP）完成。

第二类，数据在某些条件下是可靠的。该类研究报告完整，但可能在不严格的实验室体系下完成（如GLP），其研究方法也不能和任何测试指南完全一致。

但是该研究方法仍然被认为是科学的，比如经过行业评议的科学文献报道，该试验结果仍然可以接受。

第三类，数据不可靠。该类研究报告基本完整，但是试验方法并不适合该类受试物，或者测试体系和实际暴露方式并不相关，或者试验方法本身有缺陷，从而导致该研究不能作为可靠数据进行评估。

第四类，不能归类。该类研究报告不完整，不足以进行分类。例如没有提供试验细节，或者只有论文摘要，或者属于二次引用（现有的资料只是引用了该报告，不是原始文献）。

使用该评级系统可以帮助我们根据数据可靠性对现有的信息和数据分类，在毒理学评估中尽量采用可靠性更高的数据，并主要关注这些数据。而被归类为数据不可靠的研究，可作为支持性数据来使用。需要提及的是，如何准确地归类数据的可靠性，需要相关的专业知识进行专业的判断，不能轻易地把所有不可靠数据排除出毒理学评估。

在评价数据的可靠性时，需要考量以下关键点。

（1）该实验室是否有能力进行该研究？

（2）研究是否公布了测试物以及对照的纯度或化学组成？

（3）研究是否呈现了原始数据？

（4）测试方法是否具有科学性？

（5）研究报告是否完整，是否具有详细试验步骤？

当试验方法被认为和经验证的试验方法有明显区别时，或者在某些地方和科学原则相违背时，或者报道的数据并不完整时，需要确定如何使用该数据，例如在某些方面可以反映一些事实时，作为支持性数据使用。

此外，还有一些其他资料也可以用来进行毒理学评估：国际权威的研究机构和组织的评估结果，其他结构类似物，前体或分解产物的毒理学数据，被认为是非常充分的估计值［如定量构效关系（QSAR）数据］。

在关键信息缺失时，例如被试物种、测试物成分或者测试剂量，可以被认为是不可靠的。

Klimisch在发布该评级系统时，并没有给出详细的分级标准和指导方法，这导致整个评价体系比较粗放，不同的毒理学工作者可能会对同一研究给出不同分类。为解决这一问题，2008年EURL-ECVAM发布了毒理学数据可靠性评价工具（ToxRtool）。ToxRtool是一个EXCEL工具，可以很方便地对Klimisch前三类进行评级。其分为动物实验和离体试验两块内容，评级体系上有所不同。ToxRtool包含了许多具体和详细的分级标准，使得评级判断更加规范和合理，也更加的稳定和客观。但是必须强调的是，ToxRtool毕竟只是一个工具，无法避免分级比较机械的局限性，需要相关的专业指导帮助进行完整的评价。

三、数据适用性

数据适用性指为了完成危害和风险评估，哪些毒理学信息被认为是必须和有效的？换句话说需要决定使用现有毒理学信息是否能够得到一个清晰的评估结果，并判断评估成分是否安全。这些毒理学信息包括但不限于理化性质、结构效应关系等非测试数据、交叉借读、物质分组、离体试验、动物实验、人体试验、历史使用经验或者其他机制类研究的文献报道。例如，在获得了致癌、致畸和致突变的数据后，结论是该成分会引起致癌、致畸或者致突变的毒理学效应，不需要其他毒理学终点的数据，可以直接否定该成分在化妆品中的使用；或者某物质的分子量是大于1000道尔顿时，可以推断该物质不太可能透皮吸收，则在经皮使用的化妆品评估中，我们可以不需要进一步的系统毒性数据。此外，在多数情况下，虽然没有一个符合良好实验室规范的毒理学试验结果，但是根据现有的文献报道或者历史使用经验，我们已经可以得到NOAEL或者安全使用剂量，那么也没有必要再安排一个重复剂量毒性试验了。

四、证据权重

证据权重（Weight of Evidence，WoE），使用证据权重来评估和整合所有现有毒理学信息在风险评估中具有重要地位，影响到最终决定的判断，是风险评估的主要方法之一。如何进行证据权重在当下并没有统一的方法和程序来完成，也没有明确的工具供使用。

基于证据的方法涉及对之前检索和收集的不同毒理学信息的相对价值/权重的评估。为此可以根据前文介绍的Klimisch方法为每个毒理学信息分类。现有证据的重要性将受到诸如数据质量、结果和数据一致性、毒理学作用的性质和严重程度、与给定毒理学终点的相关性等因素的影响。在所有情况下，必须考虑到相关性、可靠性和适用性。

在证据权重中较常见的是在同一毒理学终点获得多个试验报告，结果差异较大。如果每个报告都通过了相关性、可靠性和适用性评估，则选择最保守的数据进行风险评估，这是风险评估中的一个重要原则。如果只有少数报告通过相关性、可靠性和适用性评估，则只选择这些报告数据作为关键数据进行风险评估。需要注意的是，这里的相关性和可靠性都是相对的。例如化妆品暴露途径是经皮暴露，但在只有经口暴露数据时，依然使用该数据作为关键数据。如果同时获得经口或经皮试验结果，则在可靠性相同时，由于经皮试验在暴露途径上相关性更好，选择经皮试验结果为关键数据。同样地，在只获得可靠性二类数据的情况下，依然采用该数据作为关键数据。但在二类数据和一类数据出现偏差时，需要分析偏差原因，如果二类数据并不具有更好的相关性，则选择一类数据作为可靠数据。在这些情况下不需要采用保守原则进行风险评估。

证据权重可能意味着形式化的决策方案，建立衡量信息要素的规则。然后将所有信息进行整合、比较和分析，最后得出结论。必须强调在证据权重阶段专家判断的重要性。

证据权重的使用一般来说都是针对不同的具体案例进行具体分析，一般也考虑到具体需要哪些信息才能进行评估，评估的结果有什么样的影响力，如果基于该信息的评估是错误的会有什么样的结果。非常重要的是在完成证据权重后需要详细记录并归档证据权重的过程以及做出最后判断的依据，在有需要时，可以进行行业内的交流，以保证评估的正确性。

五、数据信息来源

在化妆品的安全评估过程中，我们可以使用已有的、公开报道的、相关行业的毒理学数据和信息，从而避免重复的和不必要的毒理学测试，有效地节省资源并符合动物伦理学的要求。互联网主要的一些毒理学信息资源如下。

1. 化妆品专业协会资源

（1）美国个人护理产品协会（PCPC）、化妆品原料评价委员会（CIR）发布的评估报告，网址：http：//www.personalcarecouncil.org/。

（2）欧盟消费者安全科学委员会（SCCS）发布的安全评估报告，网址：https：//ec.europa.eu/health/scientific_committees/consumer_safety_en。

（3）欧盟化妆品协会（CE）［前身为欧洲化妆品盥洗用品及香水协会（Colipa）］发布的安全评估报告，网址：https：//www.cosmeticseurope.eu/。

（4）国际日用香料协会（IFRA）发布的香精、香料使用标准，网址：http：//www.ifraorg.org/。

2. 由相关组织和机构发布的毒理学数据或安全评估报告

（1）美国环境保护署（EPA）发布的安全评估报告，网址：https：//www.epa.gov/。

（2）美国食品药品管理局（FDA）发布的安全评估报告，网址：https：//www.fda.gov/。

（3）欧盟食品安全局发布的安全评估报告，网址：http：//www.efsa.europa.eu/。

（4）欧盟药物管理局（EMA）发布的安全评估报告，网址：http：//www.ema.europa.eu/ema/。

（5）欧盟化学品管理局，应用于REACH注册递交的相关毒理学数据，网址：https：//echa.europa.eu/。

（6）澳大利亚国家工业化学品申报和评估计划（NICNAS）发布的毒理学评估报告，网址：https：//www.nicnas.gov.au/。

（7）联合国国际粮农组织/世界卫生组织食品添加剂联合专家委员会（JECFA）发布的安全评估报告，网址：http：//www.who.int/foodsafety/areas_work/chemical-risks/jecfa/en/。

（8）联合国国际粮农组织/世界卫生组织农药残留联合专家会议（JMPR）发布的安全评估报告，网址：http：//www.who.int/foodsafety/areas_work/chemical-risks/jmpr/en/。

（9）美国国家毒理计划（National Toxicology Program），网址：https：//ntp.niehs.nih.gov/。

（10）国际癌症研究署（IARC）发布的化合物致癌数据，网址：http：//www.iarc.fr/。

（11）美国国立医学图书馆毒理学数据网络（TOXNET）（包括HSDB等16个毒理学数据库资源），网址：https：//toxnet.nlm.nih.gov/。

（12）经济合作与发展组织组织（OECD）提供的化学物质全球公共信息检索平台——eChemPortal，提供包括理化性质、环境归趋和行为、环境毒理以及毒理学相关数据的检索服务（包括39个全球各政府或机构发布的公共数据库数据），网址：https：//www.echemportal.org/echemportal/page.action?pageID=0。

3.科学文献报道

可以在美国国家生物技术信息中心的Pubmed数据库中搜索全球主要科学杂志报道的科学文献。科学文献既包括毒理学临床前试验数据，可以直接获得毒理学评估关键数据；也可以搜索到毒理学机制研究作为支持性数据应用于证据权重；还可以获得一些临床及人群数据和医学案例报道，例如致敏性报道。网址：https：//www.ncbi.nlm.nih.gov/。

4.相关国家和机构发布的物质限制使用剂量

如果化妆品原料本身也是食品添加剂，可以参考各国食品法规或指南中食品添加剂限制使用剂量。例如使用FDA发布的针对食品添加剂的一般认为安全（Generally Recognized As Safe，GRAS）的安全性指标时，可以认为该成分无需关注系统毒性。网址：https：//www.fda.gov/Food/IngredientsPackagingLabeling/GRAS/。

如果化妆品原料是应用广泛或受关注度较高的化学物质，一些政府组织和机构，例如FDA、EPA、JECFA、EFSA等会发布该化学物质的参考剂量（Reference Dose，RfD），日耐受剂量（Tolerable Daily Intake，TDI）和每日允许摄入量（Acceptable Daily Intake，ADI）值。

美国加州65提案中对致癌、致畸物质的限制使用剂量，也可以用于对原料携带杂质的评估。网址：https：//oehha.ca.gov/proposition-65。

职业卫生健康相关机构发布的工业生产过程中职业暴露的限量值，例如吸入毒性可以参考美国工业卫生学家协会（ACGIH，网址：http：//www.acgih.org/）以及德国科学基金会（DFG，网址：http：//www.dfg.de/en/index.jsp）下属的工作环境化学物质健康风险研究委员会发布的职业环境空气浓度限量值。

在使用其他行业发布的的物质限制使用剂量时，需要考虑到该行业的暴露途径和暴露剂量是否和化妆品暴露之间有差异。根据暴露量和途径的差异，在安全评价过程中采纳不同的安全评估因子（Safety Assess Factor）进行校正，同时决定是否需要评估和局部毒性相关的毒理学终点。

参考文献

[1] Feiya L, Zhe S, Jing W,et al.The current status of alternative methods for cosmetics safety assessment in China [J].Alternatives to Animal Experimentation, 2019, 36(1), 136-139.

[2] Adler S, Basketter D, Creton S, et al.Alternative（non-animal）methods for cosmetics testing: current status and future prospects—2010 [J].Archives of Toxicology, 2011, 85(5): 367-485.

[3] Brendler-Schwaab S, Czich A, Epe B, et al.photochemical genotoxicity principles and test methods: Report of a GUM task force [J].Mutation Research, 2004,566（1）: 65-91.

[4] Goodsaid F M, Amur S, Aubrecht J, et al.Voluntary exploratory data submissions to the US FDA and the EMA: experience and impact [J].Nature Reviews Drug Discovery, 2010, 9（6）: 435-445.

[5] Macfarlane M, Jones p, GoebleC, et al.A tiered approach to the use of alternatives to animal testing for the safety assessment of cosmetics:Skin irritation[J].

Regulatory Toxicology and Pharmacology, 2009,54（2）: 188-196.

［6］Autier p, Boniol M, Severi G, et al.Quantity of sunscreen used by European students［J］.Br J Dermatol, 2015,144（2）: 288-291.

［7］Biesterbos J W H, Dudzina T, Delmaar C J E, et al.Usage patterns of personal care products: Important factors for exposure assessment［J］.Food and Chemical Toxicology, 2013,55（Complete）: 8-17.

［8］Cowan-Ellsberry C, Mcnamee P M, Leazer T.Axilla surface area for males and females: Measured distribution［J］.Regulatory Toxicology and pharmacology, 2008,52（1）: 46-52.

［9］Ficheux A S, Morisset T, Chevillotte G, et al.Probabilistic assessment of exposure to nail cosmetics in French consumers［J］.Food and Chemical Toxicology, 2014,66:36-43.

［10］Mcnamara C, Rohan D, Golden D, et al.Probabilistic modelling of European consumer exposure to cosmetic products［J］.Food and Chemical Toxicology, 2007,45（11）: 2096.

［11］Quadros M E, Marr L C.Silver Nanoparticles and Total Aerosols Emitted by Nanotechnology-Related Consumer Spray Products［J］.Environmental Science & Technology, 2011, 45（24）: 10713-10719.

［12］Renwick A G.Toxicokinetics in infants and children in relation to the ADI and TDI［J］.Food Additives and Contaminants, 1998,15 Suppl（sup001）:17-35.

［13］Steiling W, Buttgereit P, Hall B, et al.Skin exposure to deodorants/antiperpirants in aerosol form［J］.Food and Chemical Toxicology, 2012,50（6）: 2215.

第三章　化妆品中风险物质安全性评价

第一节　概　述

皮肤是人体最大的器官，总重量约占体重的16%，成年人体表皮肤的面积可达1.5~2.0m²。化妆品直接作用于皮肤，其内的有害物质可以经由皮肤渗透进入体内，可能对人体健康产生影响。因此，应当经安全性风险评估，确保化妆品在正常、合理的及可预见的使用条件下，不得对人体健康产生危害。

然而，严格的监管措施也不能完全杜绝事故的发生，如2013年的杜鹃醇白斑事件。约有1.5万消费者投诉，在使用含有杜鹃醇的产品后，颈、手、脸部出现不同程度的白斑，并伴有炎症的发生。杜鹃醇（Rhododendrol）是一种从植物中提取的美白活性成分，可以通过抑制酪氨酸酶活性而达到美白淡斑的功效，但其在不同个体的使用效果却难以预测。

一、定义及范围

一般情况下，化妆品可以被认为是由各种原料组合而成的产品，由此可见，原料的安全性是化妆品安全的前提条件和基础。化妆品的安全性评价应基于所有原料和风险物质的风险评估。

《化妆品安全技术规范》中规定了1388项化妆品禁用组分及47项限用组分要求，明确规定了化妆品原料中不得使用的物质，及在限定条件下可作为化妆品原料使用的物质。同时，化妆品禁用组分表备注中明确了因非故意添加存在于化妆品成品中，如来源于天然或合成原料中的杂质，来源于包装材料，或来源于产品的生产或储存等过程，在符合国家强制性规定的生产条件下，如果禁用组分的存在在技术上是不可避免的，则化妆品的成品必须满足在正常的、合理或可预见的使用条件下，不会对人体造成危害。

在我国的化妆品安全监管工作中，对化妆品中可能存在的安全风险物质提出了明确要求。2010年8月23日原国家食品药品监督管理局正式颁布《化妆品中可能存在的安全性风险物质风险评估指南》（国食药监许〔2010〕339号，以下简称《安全性风险物质风险评估指南》）。《安全性风险物质风险评估指南》对化妆品中可能存在的安全性风险物质的定义为：是指由化妆品原料带入、生产过程中产生或带入的，可能对人体健康造成潜在危害的物质。

二、目前重点关注的几类风险物质

（1）重金属（包括铅、汞、砷、镉、铬等） 列入在2015版《化妆品安全技术规范》禁用物质表中，可能常见于合成原料，以及色素、植物等天然来源原料中。

《化妆品安全技术规范》在概述中详细描述了化妆品通用的安全要求，根据化妆品中有关重金属及安全性风险物质的风险评估结果，调整了铅、砷的管理限制要求，将铅、砷的限量要求调整为10mg/kg，2mg/kg；增加镉的限量要求为5mg/kg。

（2）石棉 可能常见于含有滑石粉的原料中。

2009年7月17日原国家食品药品监督管理局《关于以滑石粉为原料的化妆品行政许可和备案有关要求的公告》（2009年第41号）规定：自2009年10月1日起，凡申请特殊用途化妆品行政许可或非特殊用途化妆品备案的产品，其配方中含有滑石粉原料的，申报单位应当提交具有粉状化妆品中石棉检测项目计量认证资质的检测机构，依据《粉状化妆品及其原料中石棉测定方法》（暂定）出具的申报产品中石棉杂质的检测报告。

（3）二噁烷 可能常见于烷氧基结构的表面活性剂原料中。

二噁烷（化学名称：1,4-二氧杂环己环），为我国现行化妆品监管法规规定的化妆品禁用组分，该物质有可能由于技术上不可避免的原因，随原料带入化妆品中。2012年2月6日原国家食品药品监督管理局《关于化妆品中二噁烷限量值的公告》（2012年第4号）将化妆品中二噁烷限量值定为不超过30mg/kg。

（4）苯酚 对皮肤及黏膜具有强烈腐蚀作用，可引起脏器损伤。可能常见于苯氧乙醇中。

（5）甲醇 在香水等产品中作为溶剂使用，含量过高可引起脑部及视神经损伤。可能常见于乙醇、异丙醇的原料中。

（6）甲醛 适用范围及限制条件是指（趾）甲硬化产品。吸入高浓度甲醛可引发严重的呼吸道刺激和水肿。

（7）丙烯酰胺 广泛应用于各类化妆品中，可能常见于聚丙烯酰胺原料或者共聚物中。由于聚丙烯酰胺及共聚物是由丙烯酰胺单体聚合而成，在化妆品生产过程中，不可避免地残留于原料中。驻留类体用产品中丙烯酰胺单体最大残留量为0.1mg/kg，其他产品中单体最大残留量为0.5mg/kg。

（8）二甘醇 可能常见于甘油、聚乙二醇类原料中。

（9）仲链烷胺、亚硝胺 可能常见于三乙醇胺、椰油酰胺DEA等原料中。

（10）农药残留　可能常见于仅经机械加工后直接在生产过程中使用的植物来源的原料中。使用植物提取物的化妆品需特别关注。

三、如何评估安全性风险物质

根据《安全性风险物质风险评估指南》的内容要求，通过风险评估基本程序进行化妆品中安全性风险物质的评估。具体流程和要求如下。

（1）危害识别　根据物质的理化特性、毒理学试验数据、临床研究、人群流行病学调查、定量构效关系等资料来确定该物质是否会对人体健康造成潜在的危害。

（2）危害特征描述（剂量–反应关系评估）　分析评价该物质的毒性反应与暴露之间的关系。对有阈值的化学物质，确定未观察到有害作用剂量（NOAEL）或观察到有害作用的最低剂量（LOAEL）。对于无阈值的致癌物，可根据试验数据用合适的剂量–反应关系外推模型来确定该物质的实际安全剂量（VSD）。

（3）暴露评估　一般可通过申报化妆品的产品类型和使用方法，结合化妆品中可能存在的安全性风险物质的含量或检出量，在充分考虑可能的化妆品使用人群（包括特殊人群，如婴幼儿、孕妇等）的基础上，定性和定量评价化妆品中可能存在的安全性风险物质对人体可能的暴露剂量。

（4）风险特征描述　确定该物质对人体健康造成危害的概率及范围。对具有阈值的物质，计算安全边界值（MoS）。对于没有阈值的物质（如无阈值的致癌物），应确定暴露量与实际安全剂量（VSD）之间的差异。

四、风险评估资料

我国化妆品相关规定中已有限量值的物质，不需要提供相关的风险评估资料；国外权威机构已建立相关限量值或已有相关评价结论的，申请人可以提供相应的安全性评价报告等资料，不需要另行开展风险评估。否则，申请人应开展相应的安全风险评估。

在化妆品原料和产品审评工作中，通常是从以下几个方面，对申请人的资料进行审查。

（1）化妆品中可能存在的安全性风险物质的来源。

（2）可能存在的安全性风险物质概述，包括该物质的理化特性、生物学特性等。

（3）化妆品（或原料）中可能存在的安全性风险物质的含量及其相应的检测方法，并提供相应资料。

（4）国内外法规或文献中关于可能存在的安全性风险物质在化妆品和原料以及食品、水、空气等介质（如果有）中的限量水平或含量的简要综述。

（5）毒理学相关资料

①化妆品中可能存在的安全性风险物质的毒理学资料简述，至少包括是否被国际癌症研究机构（IARC）纳入致癌物。

②参照现行《化妆品安全技术规范》毒理学试验方法总则的要求，提供相应的毒理学资料摘要。根据可能存在的安全性风险物质的特性，可增加或减少某些相应项目的资料。

（6）风险评估应遵循风险评估基本程序，结合申报产品的特点进行。风险评估报告应包括具体评估内容及其结论。

（7）配方中含有植物来源原料的，对于仅经机械加工后直接使用的植物原料，应当说明可能含有农药残留的情况；对于除机械加工外，需经进一步提取加工的植物来源原料，必要时，也应说明可能含有农药残留的情况。

（8）在现有技术条件下，能够降低产品中可能存在的安全性风险物质含量的有关技术资料，必要时提交工艺改进的措施。

上述风险评估的相关参考文献和资料，包括生产商的试验资料或科学文献资料，其中包括国内外官方网站、国际组织网站发布的内容。

第二节　化妆品中风险物质风险评估实例

化妆品中风险物质的评估报告可由监管部门或行业协会组织起草，目的是通过评估为政策制定及行业提出科学建议，例如SCCS的指南意见（Opinions）。通常在这样的评估报告中会出现建议性的结论，例如为风险物质设立管理限值，或有针对性的考察风险物质在特定的产品品种或特定人群中的危害。此外，企业在对产品进行风险评估时，也必须对产品中可能含有的风险物质进行危害识别，进而评估产品的安全性。因此，化妆品中风险物质的安全性评估报告可能因目的不同，格式略有不同。随着科学研究的进展及对风险物质研究的深入，可能会有新的毒理学、流行病学数据出现，因此评估报告具有一定的时效性，根据需要可以对已评估过的风险物质进行再评估。

实例一　化妆品中砷的安全评估报告①

近年来，媒体多次报道化妆品安全事件，特别是知名品牌化妆品中检出重金

---

① 该评估报告于 2012 年完成，报告中数据信息截至 2012 年。

属砷，引起了众多关注。长期使用高含量砷的化妆品，会引起皮肤色素沉着，严重者会引起神经系统病变，对使用者造成健康危害。

编者根据国内外法规标准，对化妆品中砷的危害性进行了评价。

一、砷在化妆品中的使用及其作用

根据我国《化妆品卫生规范》（2007）的规定，某些重金属由于具有特殊的作用，可以用于特定的化妆品中，包括：①乙酸铅可以用于染发剂，在染发制品中含量必须小于0.6%（以铅计）。②硫柳汞（乙基汞硫代水杨酸钠）、苯汞的盐类（包括硼酸苯汞）由于具有良好的抑菌作用，允许用于眼部化妆品和眼部卸妆品，其最大允许使用浓度为0.007%（以汞计）。除此之外的重金属属于化妆品中的禁用物质，不允许在化妆品里人为添加。

然而，某些厂家为了增强化妆品的功效人为添加重金属，导致化妆品的重金属含量超标，如砷对蛋白质和多种氨基酸具有很强的亲和力，因此可能会被非法运用于化妆品的生产过程中。

另外，化妆品中的砷也可能来自于化妆品的原料、制造、包装、运输等环节，而并非是为了某种目的而特意添加于化妆品中的。重金属在自然界中广泛存在，包括土壤、岩石、矿物、空气、水、动植物中等，因此会存在于多种化妆品原料中，并被带入化妆品中，这也成为了化妆品中砷残留的主要原因。

二、砷的法规管理

化妆品中砷的安全问题一直备受世界各国的关注。中国的《化妆品卫生规范》（2007）、美国的《Code of Federal Regulations Title 21》、欧盟的《Cosmetics Directive 76/768/EEC》、东盟的《ASEAN Cosmetic Directive》、美国加州第65提案（ACSC议案编号 RG 07325184）等化妆品管理法规中，对化妆品中砷的规定见表3-1。中国、欧盟以及美国对于食品中砷的规定见表3-2。

表3-1　中国、欧盟、美国及日本对化妆品中砷的规定

国家/组织	化妆品中砷的限值
中国	禁止使用，限值10mg/kg
欧盟	禁止使用，限值2mg/kg
东盟	
美国	在部分Color Additives中，限值3mg/kg
日本	禁止使用，限值2mg/kg

表3-2　我国、欧盟以及美国对食品中砷的规定

国家/组织	食品中砷的限值（mg/kg）
中国	0.01~3
欧盟	0.01~1
美国	0.01~3

三、砷的性质及代谢

1.存在状态及性质

砷（Arsenic，As）是一种类金属，位于元素周期表中第四周期第V族，1250年由德国科学家Albertus Magnus发现，原子序数为33，原子量为74.92，密度为5.727g/cm^3，灰色结晶，熔点为817℃（28大气压），加热到613℃时可不经液态，直接升华成为蒸气，砷蒸气具有一股难闻的大蒜臭味。砷可表现出多种价态，最常见的是-3、+3和+5价。在生物中较为重要的砷化合物除以无机砷如砷酸和亚砷酸及其盐（砷酸盐、亚砷酸盐）的形式存在外，还以甲基砷酸、二甲基次砷酸、一甲基砷、二甲基砷等有机砷的形式存在。砷在干燥空气中稳定，在潮湿空气中生成黑色氧化膜；砷与水、弱碱和非氧化酸不起作用，不溶于水，溶于硝酸和王水，也能溶于强碱，高温时能与多数非金属作用。

砷在地壳中的平均含量为2mg/kg，广泛分布于岩石、土壤和水环境中，主要以硫化物的形式存在，如雄黄、雌黄等。砷广泛应用于农业、工业和医学上，如冶炼行业、合金制造、农药制造、医用药品、半导体工业、染料原料、玻璃脱色剂等。砷污染的主要来源是开采、焙烧、冶炼含砷矿石及生产含砷产品过程中产生的含砷三废，农业使用含砷农药也可增加环境污染。砷污染水体和土壤中后可以被动植物摄取、吸收，并在体内累积，产生生物蓄积效应。

由于砷具有快速美白的功能，为了增加化妆品的祛斑和美白效果，尽管过量砷会对身体造成损害，一些生产商依然在化妆品中刻意添加砷，以达到快速美白的效果，从而造成化妆品中砷含量过高，危害人体健康。

2.代谢（图3-1）

砷主要通过饮水、食物经消化道进入体内，也可通过呼吸、皮肤接触等途径被摄入。砷进入人体后，主要在肝脏代谢，iAs^{V}在进行甲基化转化前首先必须还原成iAs^{III}，iAs^{III}在甲基转移酶的作用下，以s-腺苷甲硫氨酸为甲基供体形成五价一甲基砷（MMA^V）。其中，编码甲基转移酶的基因与Cyt19基因具有高度同源性。MMA^{V}在谷胱甘肽硫转移酶ω-1（GSTω-1）的作用下被还原成三价一甲基砷（MMA^{III}），进而在Cyt19甲基转移酶催化作用下发生第2次甲基化生成五价二甲基砷（DMA^V）。部分DMA^{V}可能被GSTω-1还原成三价二甲基砷（DMA^{III}）进一步被Cyt19甲基化。不同砷化合物按其毒性大小的顺序依次为：MMA^{III}>iAs^{III}>

$iAs^V > MMA^V = DMA^V$。砷代谢物随血液分布到全身多个组织、器官，砷可以通过血－脑屏障在脑中蓄积。

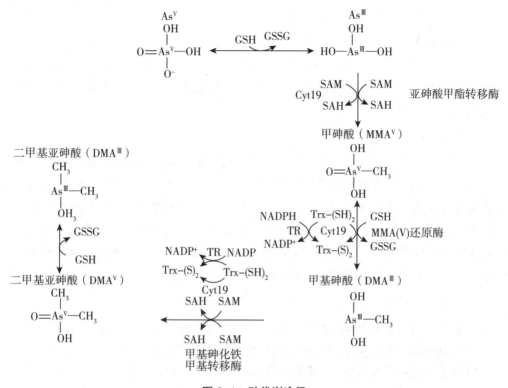

图 3-1　砷代谢途径

四、毒理学特征

砷的毒性因其价态、化合态、化合物的溶解度及其存在于器官、体内的浓度、排泄速度等的不同而存在较大差异。

1.急性、亚急性毒性

雄黄的砷含量在 94.8%~96.0% 时 LD_{50} 为 1.100 ~2.069g/kg，3 价砷 LD_{50} 为 15~44mg/kg，五价砷 LD_{50} 为 112~175mg/kg。8.0mg/kg 三氧化二砷（As_2O_3）灌胃染毒 7 天后，结果发现小鼠睾丸及附睾重量降低，精子数降低，精子畸形率上升，免疫器官脾脏、胸腺重量及指数降低。

2.亚慢性毒性、慢性毒性

大鼠 90 天喂养表明，12.5mg/L，25mg/L 和 50mg/L 的 $NaAsO_2$ 可引起大鼠不同程度的体重减轻、脏器系数升高、体内各组织中砷蓄积量增高，皮肤及心、肝、脑、肾组织出现不同程度的病理损伤。

饮水中给予10周龄F344大鼠12.5ppm，50ppm，或200ppm的二甲基砷酸（无机砷的主要代谢产物），连续104周，结果各组间发病率、死亡率、体重、血液学、血生化等各方面无显著性差异。

3.致突变性

Ames试验、小鼠骨髓微核试验呈阴性结果，小鼠骨髓细胞姐妹染色单体交换试验（SCE）中，在0.375mg/kg剂量组呈强阳性结果。CHO细胞可出现染色体断裂、四聚体。

4.砷对皮肤的影响

砷对皮肤的损害主要包括色素沉着和/或脱失、角化过度和细胞癌变等。无机砷可显著抑制人皮肤成纤维细胞缝隙连接通讯，在癌症发生的促长阶段很可能扮演重要角色。采用细胞划痕染料标记示踪技术，以荧光染料在细胞间的扩散作为评价缝隙连接通讯的指标，观察亚砷酸和砷酸对原代培养的人皮肤成纤维细胞缝隙连接通讯的影响，结果发现亚砷酸可显著抑制人皮肤成纤维细胞间荧光黄染料的扩散，并且有明显的剂量-效应关系。

5.生殖发育毒性

雄性小鼠染亚砷酸钠后第2、4周，30mg/kg剂量组受孕率低于70%；染砷后第6周10mg/kg，15mg/kg，30mg/kg组胚胎死亡率分别为30.0%、38.9%、40.0%，明显高于阴性对照组16.7%；染砷剂量>10mg/kg，外周血嗜多染红细胞致突变性损伤恢复时间早于生殖细胞致突变性损伤恢复时间。

大鼠仔鼠出生后第10、20、30天的体重明显降低；两代大鼠的受孕率和幼仔哺育成活率明显降低；仔鼠体砷含量随染砷剂量的增加而增加，脾和胸腺脏器系数明显降低，Hb、TLC显著降低。说明砷可影响动物的生育能力，并可通过胎盘屏障影响子代的生长发育和生理功能。

在孕6~15天灌胃给予CD-1孕鼠亚砷酸，剂量分别为0mg/（kg·d），7.5mg/（kg·d），24mg/（kg·d），和48mg/（kg·d），结果表明高剂量组小鼠死亡2只，其余高剂量与中剂量组小鼠体重降低；高剂量组胎鼠体重下降，其他剂量组与对照组相比未发现明显异常，此条件下，对小鼠母体毒性及生殖发育毒性的NOAEL值为7.5mg/（kg·d）。

6.致畸毒性

在鸡胚、仓鼠、家兔及大鼠均出现胚胎毒性和致畸性，主要表现吸收胎和死胎增多，神经管未闭、脑膨出、露脑、无眼、肢体短小及其他发育不全。

用9.5日龄大鼠胚胎培养模型在≤3.0μg/ml检测，体外最低致畸剂量是

1.0μg/ml，头长、体节数、心脏、前肢芽等9项指标值均明显降低；畸胎发生率为33.3%。最低致死剂量是3.0μg/ml。

7.致癌毒性

国际癌症研究机构（IARC）将砷与其化合物归类于第一类致癌物质。欧盟对砷元素及其化合物归类于"有毒的与对环境有危害的"，将三氧化二砷、五氧化二砷与砷酸盐归类于第一类致癌物质。

8.其他毒性

As^{3+}和As^{5+}对肝、肾的砷蓄积量显著增加，并伴肝肾功能损伤和病理性损害。

9.人体数据

在空气中最高容许浓度$0.3mg/m^2$。人体需要量6.25μg，一般摄入量12~40μg。

砷及其化合物为强毒药，主要是在三羧酸循环中阻碍丙酮酸脱氢酶，干扰ATP的合成。综合分析认为砷的NOAEL值为200μg/d。

（1）急性中毒　早期常见消化道症状，如口及咽喉部有干、痛、烧灼、紧缩感、声嘶、恶心、呕吐、咽下困难、腹痛和腹泻等。呕吐物先是胃内容物及米泔水样，继之混有血液、黏液和胆汁，有时夹有未吸收的砷化物小块；呕吐物可有蒜样气味。重症极似霍乱，开始排大量水样粪便，以后变为血性，或为米泔水样混有血丝，很快发生脱水、酸中毒以至休克。同时可伴有头痛、眩晕、烦躁、谵妄、中毒性心肌炎、多发性神经炎等。少数有鼻衄及皮肤出血。严重者可于中毒后24小时至数日发生呼吸、循环、肝、肾等功能衰竭及中枢神经病变，出现呼吸困难、惊厥、昏迷等危重征象，少数患者可在中毒后20分钟至48小时内出现休克、甚至死亡。

（2）砷化氢中毒　常有溶血现象。

（3）亚急性中毒　出现多发性神经炎的症状，四肢感觉异常，先是疼痛、麻木，继而无力、衰弱，直至完全麻痹或不完全麻痹，出现腕垂、足垂及腱反射消失等；或有咽下困难，发音及呼吸障碍。由于血管舒缩功能障碍，有时发生皮肤潮红或红斑。

（4）慢性中毒　多表现为衰弱、食欲不振，偶有恶心、呕吐、便秘或腹泻等。尚可出现白细胞和血小板减少，贫血，红细胞和骨髓细胞生成障碍，脱发，口炎，鼻炎，鼻中隔溃疡、穿孔，皮肤色素沉着，可有剥脱性皮炎。手掌及足趾皮肤过度角化，指甲失去光泽和平整状态、变薄且脆、出现白色横纹，并有肝脏及心肌损害。中毒患者发砷、尿砷和指（趾）甲含量增高。口服大量砷的患儿，在作腹部X线检查时，可发现其胃肠道中有X线不能穿透的物质。

长期、过量摄入砷可导致暴露者出现周围神经症状，对大脑、中枢神经系统出现损害。

五、化妆品中重金属的危险性评价

根据化妆品原料风险评估技术指南公布的方法，以安全边界值（MoS）进行评估，计算公式为：

$$MoS = \frac{NOAEL}{SED}$$

其中：MoS=安全边界值；NOAEL=未观察到有害作用剂量；SED=系统暴露量，单位为mg/（kg·d）。

系统暴露量（SED）：

$$SED = \frac{A\,(g/d) \times 100mg/g \times C\,(\%)/100 \times DA_P\,(\%)/100}{60kg}$$

其中：SED=系统暴露量，单位为mg/（kg·d）；A系统化妆品每天使用量，单位为g/d；C=原料在化妆品中的浓度，以百分比（%）表示；DAP=经皮吸收率，以百分比（%）表示，在无完整动物透皮吸收数据时，以100%计算；60kg=默认的人体体重。

为此，使用以下基本评价参数。

（1）化妆品的每天使用量　每天使用化妆品的量以最高使用量18g/d计算。

（2）化妆品中的浓度　拟将规定限值调整为2mg/kg。

（3）化妆品中的经皮吸收率　全部以100%计。将上述参数带入公式经计算得出砷的全身暴露量为6×10^{-4}mg/（kg·d）。

（4）安全边界值　人的NOAEL为200μg/d，按人体重60kg计算得出的SED为0.0006mg/（kg·d），带入公式，计算得出的安全边界值远大于100。

六、评价结论和建议

按照现有的欧盟、东盟和我国的相关法规，参考美国等化妆品原料的评估，结合毒理研究的结果，将化妆品产品中砷的限值调整为2mg/kg，能满足化妆品安全使用的要求，根据本次评价结论，特建议如下：化妆品中砷的来源主要是原料带入，现有标准中砷的限值设定为2mg/kg能保证化妆品的使用安全。

实例二　化妆品中微量二噁烷的风险评估[①]

继2009年3月，强生、帮宝适等品牌的婴儿卫浴产品在美国被检测出含有动物致癌物二噁烷（IARC，2B类）后，2010年7月，霸王、飘柔、澳雪等品牌旗下的洗（染）发水也先后被检出含有二噁烷，这引起了公众的高度关注。事实上，早在2001年有作者开展的化妆品中二噁烷含量的调查结果就显示，国产和进口香波的二噁烷检出率分别为63.9%和56.2%，国产和进口浴液中二噁烷检出率分别为52.9%和42.4%，人体接触较为普遍。在2010~2011年全国化妆品监督检验中，发现二噁烷的检出率为28%，成品中二噁烷残留的量从0.09~83.7ppm不等，主要分布在国产非特殊类洗发、沐浴、洗面等在售相关产品中。对于化妆品中微量二噁烷的危害性评价，在2009年，原国家食品药品监督管理局就组织相关专家进行评价，该评价认为"在通常化妆品使用条件和使用量下，二噁烷杂质不会对消费者产生健康危害，可以安全使用"。但是尚未形成对原料或者产品限值控制的意见，目前，根据持续跟踪国外法规标准，参考原有评估报告，考察近年相关检测数据，再次对化妆品中微量二噁烷的危害性进行评价，评价内容汇总如下。

一、二噁烷理化性质概述

二噁烷（1,4-Dioxane）是一种无色有轻微气味的挥发性液体，其英文常用名还包括diethylene ether，1,4-diethylene dioxide，diethylene oxide，dioxyethylene ether，dioxane，理化性质参见表3-2所示。

表3-2　二噁烷一般理化性质

理化性质	对应的结果
分子量	88.10
CAS号	123-91-1
化学式	$C_4H_8O_2$
沸点	101.1℃
熔点	11.8℃
蒸汽压	25℃下40mmHg
密度	20℃下1.0337g/ml
蒸气密度	3.03（空气为1）

[①]　该评估报告为2012年完成，因此报告中所引用数据均截至2012年。

续表

理化性质	对应的结果
水溶性	与水混溶
其他溶解性	可与乙醇、乙醚及丙酮混溶
Log Kow	−0.27
转换因子（空气中）	1ppm=3.6mg/m³；1mg/m³=0.278ppm（25℃，1大气压）

二、化妆品中二噁烷的来源

在由环氧乙烷制备聚乙二醇及含聚乙二醇结构的表面活性剂时，通常会伴有副产物二噁烷的生成。因此，一般来说，由环氧乙烷制备的聚乙二醇以及含有聚乙二醇结构的非离子、阴离子表面活性剂类化妆品原料中会含有二噁烷残留物。在化妆品中常用的此类原料包括：聚乙二醇类，聚乙二醇脂肪酸酯类，脂肪醇聚氧乙烯醚类，脂肪醇聚氧乙烯醚硫酸盐类，聚山梨醇酯类等，涉及的化妆品产品包括：香波、浴液、洗手液、洁面乳等清洁类产品以及部分膏霜、乳液、润肤水等护肤产品。不过，由于添加量与使用原料品种的差异，一般来说，香波、浴液、洗手液、洁面乳等清洁类产品中残留二噁烷的概率与数量要高于其他品类的化妆品。

三、人体接触二噁烷的途径

人体可以通过皮肤、呼吸道和消化道等途径接触二噁烷。通过职业暴露、呼吸空气、饮水或食用可能含有二噁烷的食品以及使用可能含有二噁烷的洗涤产品（如液体织物洗涤剂、餐具和果蔬清洗剂）、化妆品、外用药品、农畜产品而接触二噁烷。在上述接触途径中，由于皮肤角质层具有屏障作用，通过使用化妆品引起的经皮吸收量极微。

四、二噁烷的毒理学特征

1.急性毒性

大鼠的口服半数致死量为5170~7339mg/kg，大鼠、小鼠及豚鼠口服后的中毒表现包括麻醉、昏迷、肠道黏膜的刺激和肝肾损害。对家兔的研究中可以观察到麻醉样效果，家兔的半数致死量为7855mg/kg，但未见中毒反应的报道。吸入暴露中，大鼠的半数致死浓度为46 000~52 000mg/m³，小鼠的为36 700mg/m³。大鼠表现出淡漠、昏迷、呼吸困难、黏膜刺激（眼及呼吸道）、眼睑反射消失、毛色晦暗、心脏扩张、剖检胃黏膜出血糜烂和血样胃肠内容物等。

2.皮肤和眼刺激

对家兔皮肤在封闭的状态下使用不经稀释的二噁烷，会造成8天内不完全可逆的轻微红斑，其对大鼠和小鼠的最低刺激性浓度为80%。给家兔的眼部滴入0.05ml二噁烷，会形成8天内不完全可逆的角膜浑浊、结膜发红、轻微至严重的水肿等。当浓度高于1000ppm，对大鼠、小鼠和豚鼠的呼吸道会产生刺激性。

当浓度≥1000mg/m³，研究表明二噁烷对眼睛、鼻子和咽喉具有刺激性。在4名健康志愿者吸入研究（超过6个小时的暴露）中，浓度50ppm（73mg/m³）均存在有眼睛刺激的现象。随着时间的推移，对二噁烷气味的感知会减弱，其中两个受试者分别在4和5小时后不再感觉二噁烷的气味，而另外两个受试者则保持到暴露结束。最先失去气味感知的受试者，其血浆中测得二噁烷的浓度最高。该研究没有其他不适症状的出现。

3. 皮肤致敏性

有报道，对成年男子在皮肤浸泡在含有二噁烷的溶剂后，产生皮炎。

4. 重复剂量毒性

Wistar大鼠在两年内暴露在40 000mg/m³（111ppm）的二噁烷蒸汽中，7h/d，5天/周［相当于108mg/（kg·d）］。未发现无显著性治疗相关的影响，临床体征、血液或器官重量没有明显的变化，亦无器官毒性和肿瘤形成。通过饮用水与二噁烷接触的研究中，显示出在0.02%剂量下，大鼠可出现肝细胞间水肿，在0.1%左右剂量下会出现严重肝坏死。其他症状还出现在肾脏（肾小管变性、肾重量变化）和鼻部（恶性肿瘤，腺癌）。整体NOAEL，根据肝功能损害，可以被认为是0.01%（相当于10mg/kg bw/d）。雄性SD大鼠通过饮用水摄入10或1000mg/kg bw/d的二噁烷11周，肝细胞毒性的NOAEL为10mg/kg bw/d。

一例21岁的工人在浓度范围从720~2340mg/m³二噁烷暴露一周。此外，他曾多次将双手浸入到含有液体二噁烷罐中。该名男子有嗜酒的习惯。入院后，该男子出现上腹部疼痛、血压升高和神经系统的症状。住院一周后，该名男子死于肾功能衰竭。剖检包括肾皮质坏死，间质出血严重，在肝脏存在严重的小叶中心坏死，大脑出现脱髓鞘，部分神经纤维组织的流失等。在其后五个二噁烷暴露后死亡的病例中存在相似的症状。另一个47岁女性技术员，皮肤暴露于二噁烷数周后，出现皮肤炎性变化，在上肢和面部显示湿疹的症状。

5. 致突变性

二噁烷的体外遗传毒性试验均为阴性，大部分在体内检测结果均为阴性。阳性结果出现在高浓度。由于在小鼠骨髓细胞的微核也可以由非遗传毒性机制诱导（基因修复故障，有丝分裂器的干扰等）。二噁烷被认为是一种非常微弱的基因毒性化合物。

6. 致癌性

一项历时25年，职业暴露于0.006~14.3ppm环境中的研究结果显示，2人死于癌症，与正常情况没有显著性差别。另一项职业暴露的研究结果也未发现二噁烷可致人体癌症。迄今未见人类因接触二噁烷而发生癌症的相关报道。

已有多项关于二噁烷慢性毒性/致癌性的动物实验研究报道。多项经口实验均系通过饮水途径进行，实验结果表明，二噁烷引起大鼠的肝脏和鼻腔癌症，引起小鼠的肝脏肿瘤。从2年大鼠吸入毒性试验中获得：未观察到有害作用剂量（NOAEL）为0.4mg/L。2年大鼠经饮水染毒试验得出未观察到有害作用剂量（NOAEL）为10~40mg/（kg·d）（雄/雌），无致肿瘤作用的剂量为90~150mg/（kg·d）（雄/雌）。另外一项2年大鼠经饮水染毒的试验研究结果表明，未观察到有害作用剂量（NOAEL）为16mg/（kg·d）。

在致癌性上，二噁烷没有足够证据对人体产生致癌性，而在实验动物中存在明显的致癌证据，因此IARC将二噁烷列为可能致癌的物质，列于2B组。

五、其他国家的二噁烷管理要求

FDA建议，通过原料工艺的控制可以将原料中二噁烷的残留控制在100ppm以下，该值被认为不会造成人体健康危害，由于成品相较原料而言，残留量更低，因此，不在成品设限，仅加强监督检查以防止超出安全范围。

在药品生产中，FDA设定二噁烷为第二类溶剂，在药品中的残留量为380ppm，每日允许接触量为3.8mg，该数据是根据人体体重70kg计算的。

《中国药典》（2010）与该值相同。另外，在相关原料中，如聚乙二醇等，其原料标准中二噁烷的限度为10ppm。在美国，作为某些食品添加剂，其二噁烷的残留不高于10ppm。

在欧盟，关于部分食品添加剂中的有关规定中（SCF/CS/ADD/EMU/198 Final），二噁烷作为杂质应小于5ppm；在化妆品相关法规中，均将二噁烷作为禁用物质，但并未设定有关限值。

六、我国化妆品中对二噁烷的管理规定

我国自1987年化妆品卫生标准开始，二噁烷一直作为禁用物质，例如《化妆品卫生规范》（2007）禁用物质列表，但未设定管理限值。

七、化妆品中微量二噁烷的风险评估

沿用欧盟消费者用化妆品和非食品产品科学委员会（SCCNFP）公布的方法，以安全边界值进行评价。SCCNFP推荐的安全边界值（MoS）计算公式为：

$$安全边界值 = \frac{NOAEL}{最大摄入量}$$

1. NOAEL

二年大鼠经口二噁烷慢性试验得出 NOAEL 为 10mg/（kg·d）（选用了最低 NOAEL 值，即安全边界值最大的值）。

2. 二噁烷最大摄入量

SCCNFP 推荐的最大摄入量计算公式为：

$$最大摄入量[mg/(kg·d)] = \frac{A(g/d) \times 1000[C(\%)/100] \times [DA_P(\%)/100]}{BW}$$

其中：A（g/d）=每天化妆品的实际接触总量；C（mg/kg）=所评价成分在化妆品中的含量；DA_P（%）=经皮的吸收率；BW（kg）=人的体重，以 60kg 计算。

公式中的 1000 是由克转换为毫克的系数。为此，使用以下基本评价参数。

（1）化妆品的最大实际接触总量 使用 Colipa 资料计算的沐浴啫喱每天使用量为 10g（每天 2 次，每次 5g），洗发香波每天使用量为 8g（每天 1 次，每次 8g）。冲洗后残留按 10% 计算。

（2）化妆品中二噁烷的经皮吸收率 以 100% 计，实际上有资料表明其吸收率 < 4%。

（3）人体重为 60kg。

将上述参数带入 SCCNFP 的计算公式。

对收集的全国监测数据进行统计，对市场监测结果的最大值和其他国家或地区的管理限值进行安全边界值计算（表 3-3）。

表 3-3 洗发类、沐浴类产品计算安全边界值的相关数据

种类	二噁烷残留值（ppm）	SED [mg/（kg·d）]	NOAEL [mg/(kg·d)]	MoS
洗发类	100	0.000 133 4	10	74 962
	83.7	0.000 111 6	10	89 606
	30	0.000 040 0	10	250 000
沐浴类	100	0.000 166 7	10	59 988
	54	0.000 090 0	10	111 111
	30	0.000 050 0	10	200 000

目前公认，在一般情况下安全边界值大于 100 可以认为是安全的。

八、评价结论

1. 二噁烷可存在于较多介质中，人体可以通过皮肤、呼吸道和消化道等途径接触二噁烷。

2. 在各国化妆品相关管理文件中，均将二噁烷作为禁用物质予以控制，但

对于其限值还没有一个明确的数值，仅在澳大利亚对于终产品控制在30ppm，在FDA相关指南中，原料建议100ppm。

3.我国《化妆品卫生标准》和《化妆品卫生规范》规定二噁烷为禁用物质。禁用物质是指不能作为化妆品生产原料即组分添加到化妆品的物质，如果技术上无法避免禁用物质作为杂质带入化妆品时，则化妆品必须符合《化妆品卫生标准》和《化妆品卫生规范》的要求，在正常、合理、可预见的使用条件下，不得对人体健康产生危害。目前由于技术上无法完全避免的原因，香波、浴液、洗手液、洁面乳等清洁类产品以及部分膏霜、乳液、润肤水等护肤产品都可能含有二噁烷杂质。

4.根据全国监测结果表明，建议对化妆品产品中以二噁烷限值规定，初步建议安全限值为100ppm，理想限值为30ppm。

5.建议化妆品行业在制备和使用含有有害杂质的原料时，应该尽量采取必要的纯化工艺以减少有害杂质含量，确保产品质量。

九、评估建议

综上材料及评价结论，并结合监测结果，在可以充分保证使用安全性的前提下，建议化妆品终产品中二噁烷残留限值为100ppm，理想残留限值为30ppm。

参考文献

［1］Nemec MD, Holson JF, Farr CH, et al.Developmental toxicity assessment of arsenic acid in mice and rabbits［J］.Reprod Toxicol, 1998, 12（6）: 647-58.

［2］Tseng WP.Effects and dose-response relationships of skin cancer and Blackfoot disease with arsenic［J］.Environ Health Perspect, 1977, 19: 109-119.

［3］Wei M, Wanibuchi H, Morimura K, et al.Carcinogenicity of dimethylarsinic acid in male F344 rats and genetic alterations in induced urinary bladder tumors［J］. Carcinogenesis, 2002, 23（8）: 1387-1397.

［4］Wei M, Wanibuchi H, Morimura K, et al.Urinary bladder carcinogenicity of dimethylarsinic acid in male F344 rats［J］.Carcinogenesis, 1999, 20（9）: 1873-1876.

［5］邓芙蓉，郭新彪.无机砷对人皮肤成纤维细胞缝隙连接通讯的影响［J］.中华预防医学杂志，2001, 35（1）: 51-54.

［6］王振刚，何海燕.砷污染的健康危险度评价［J］.中国药理学与毒理学杂志，1997, 11（2）: 93-94.

第三篇
化妆品安全性评价实例

第四章　化妆品原料风险评估实例

第一节　化妆品原料风险评估报告介绍

化妆品原料风险评估（risk assessment）报告通常为企业或行业协会起草，主要目的为考察化妆品原料的安全性。企业内部可建立原料的风险评估数据库，动态更新数据信息（毒理学数据、流行病学数据、法规要求等），如企业更换原料供应商，则应重新对原料进行风险评估。我国化妆品原料风险评估报告可参考《化妆品安全风险评估指南》（征求意见稿）中的要求和体例。由于篇幅所限，本书仅提供了化妆品原料风险评估报告实例的框架部分内容。化妆品安全风险评估人员开展化妆品原料风险评估时，应依据原料特点的具体情况进行分析。

化妆品原料的风险评估报告

题目：_____（原料名称）_____风险评估报告

评估单位：

评估人：

评估日期：　　　年　　　月　　　日

一、风险评估摘要

二、原料特性描述

1.名称（包括化学名、通用名、商品名、INCI名、CAS号、EINCES号）

2.分子式及结构式

3.性状

4.溶解性

5.稳定性

6.pH值

7.分配系数

8.纯度

9.杂质及含量

10.使用目的或功效

11.使用浓度

12.其他（如为矿物、动物、植物和生物技术来源的原料或香精香料，按照本指南中的要求进行原料特性描述）

三、风险评估过程

1.危害识别

（1）毒理学终点

①急性毒性：

②刺激性/腐蚀性：

③皮肤致敏性：

④皮肤光毒性：

⑤致突变性/遗传毒性：

⑥亚慢性毒性：

⑦发育和生殖毒性：

⑧慢性毒性/致癌性：

⑨毒代动力学：

⑩人群安全资料：

（2）危害识别

2.剂量-反应关系评估

3.暴露评估

4.风险特征描述

四、风险评估结果的分析（包括对风险评估过程中资料的完整性、可靠性、科学性的分析，数据不确定性的分析等）

五、风险控制措施或建议

六、原料风险评估结论

七、特殊说明

八、证明性资料（包括：所涉文献资料内容、检测报告、涉及的原料规格证明等。若存在风险物质，应提供风险物质评价结论和资料，或产品的风险物质检验报告）

第二节　化妆品原料风险评估实例

实例一　化妆品中染发剂的风险评估

题目：＿＿＿1,5-萘二酚＿＿＿风险评估报告

评估单位：XXX安全评估部

评估人：

评估日期：　　　年　　　月　　　日

一、风险评估摘要

1,5-萘二酚用于染发产品中具有一定的眼刺激和皮肤致敏风险，需要进一步风险控制措施，减少安全风险。

二、原料特性描述

1.名称

化学名称：1,5-萘二酚（Naphthalene-1,5-diol；1,5-Naphthalenediol；1,5-Dihydroxynaphthalene）。

商品名：COLIPA A 018。

INCI名称：1,5-Naphthalenediol。

CAS号：83-56-7。

2.分子式及结构式

结构式：

分子式：$C_{10}H_8O_2$。

分子量：160.17。

3.性状

白色或浅紫色固体。

熔点：259~261℃。

沸点：>152℃分解。

4.溶解性

水：< 1g/L，室温。

乙醇：10~100g/L，室温。

DMOS：>100g/L，室温。

5.稳定性

6.pH值

7.分配系数（Log P_{ow}）

$$Log\ P_{ow} = 1.7$$

8.纯度

99.9%。

9.杂质及含量

未知。

10.使用目的或功效

该原料拟用于化妆品中的使用目的为永久性染发剂。

11.使用浓度

当与氧化乳混合使用时，最大使用浓度为0.5%。

三、风险评估过程

1.危害识别

（1）毒理学终点

①急性经口毒性

方法：OECD TG 423（2001）。

结论：Wistar 大鼠 $LD_{50} > 2000mg/（kg \cdot d）$。

②皮肤刺激性

方法：OECD TG 404。

结论：在测试条件下，该物质能诱导轻微刺激性反应，但不足以分类为皮肤刺激物。

③眼刺激性

方法：OECD TG 405。

结论：在测试条件下，该物质被分类为眼刺激物。

④致敏性

方法：OECD TG 429。

结论：该物质在测试条件下具有中度皮肤致敏性。

⑤遗传毒性

a.细菌回复突变实验

方法：OECD TG 471。

结论：受试物在实验条件下，对沙门菌和大肠埃希菌无致突变性。

b.体外小鼠淋巴瘤实验

方法：OECD TG 476。

结论：受试物在实验条件下无致突变性。

c.体外细胞染色体畸变实验

方法：OECD TG 473。

结论：在实验条件下，测试物质引起染色体结构异常增加，预示该物质在体外V97细胞中能引起染色体畸变。

d.体内小鼠骨髓嗜多染红细胞微核试验

方法：OECD TG 474。

结论：在实验条件下，该物质不引起小鼠骨髓细胞微核增多，不具有基因毒性。

⑥重复剂量经口毒性：90天重复剂量经口暴露毒性。

方法：OECD TG 408（1998）。

结论：未观察到有害作用剂量（NOAEL）为50mg/kg bw/day。

⑦致畸性

a.经口暴露大鼠胚胎发育毒性实验

方法：OECD TG 414。

结论：母体毒性未观察到有害作用剂量（NOAEL）为60mg/kg bw/day；胚胎发育毒性NOAEL为360mg/kg bw/day。

b.透皮吸收

方法：OECD TG 428。

结论：在测试条件下，1%该物质在标准染发产品配方中，过氧化氢存在条件下，透皮吸收率为 $1.81 \pm 0.34\mu g/cm^2$（占总暴露量的 $0.88\% \pm 0.17\%$）；不添加过氧化氢条件下，透皮吸收率为 $1.57 \pm 0.35\mu g/cm^2$（占总暴露量的 $0.74\% \pm 0.17\%$）。

（2）危害识别　该物质低毒，无皮肤刺激性，有眼刺激性，中度致敏性，无遗传毒性，有重复经口毒性，NOAEL为50mg/kg bw/d，在致畸试验中发现母体毒性NOAEL为60mg/kg bw/day；胚胎发育毒性NOAEL为360mg/kg bw/day。

2.剂量-反应关系评估

综合90天重复剂量暴露毒性实验和生殖发育毒性实验的实验剂量，及所观察到的毒性反应，认为该物质未观察到有害作用剂量：NOAEL = 50mg/kg。根据透皮吸收实验，最大皮肤吸收率：$A = \text{mean} + \text{SD} = 1.81 + 0.34 = 2.15\mu g/cm^2$。

3.暴露评估

经皮最大吸收率：$A = 2.15\mu g/cm^2$。

人体标准体重：60kg。

人体皮肤表面积：SAS $= 580cm^2$。

单次使用经皮吸收量：SAS $\times A \times 0.001 = 1.25mg$。

系统暴露量（SED）：$SAS \times A \times 0.001 / 60 = 0.02mg/kg$。

4.风险表征描述

①系统毒性

未见有害作用剂量（mg/kg）：50mg/kg。

系统暴露量（SED）：0.02mg/kg。

安全边界值（MoS）：NOAEL/SED = 2500。

②眼刺激性：在产品使用时，进入眼睛的风险很低，可通过进一步风险控制措施减少眼刺激风险。

③皮肤致敏性：中度皮肤致敏性，但作为染发产品主要接触身体组织为头发，可通过进一步风险控制措施减少皮肤致敏风险。

四、风险评估结果的分析

毒理学数据相对完整、可靠。

五、风险控制措施或建议

在产品标签需标注以下警示语：对某些个体可能引起过敏反应，应按说明书预先进行皮肤测试；不可用于染眉毛和眼睫毛，如果不慎入眼，应立即冲洗；专业使用时，应戴合适手套。

六、原料风险评估结论

该物质作为永久性染发剂在1%以下，在正常使用和风险控制措施下，不会对消费者健康产生影响。

七、参考材料

SCCS/1365/10。

实例二　化妆品中防晒剂的风险评估

题目：＿＿二乙基氨基羟基苯甲酰苯甲酸己酯＿＿风险评估报告

评估单位：XXX安全评估部

评估人：

评估日期：　　　年　　　月　　　日

一、风险评估摘要

二乙基氨基羟基苯甲酰苯甲酸己酯会用于防晒产品中，除了常规毒性终点以外，还应增加与光激发可能造成的毒性的评估。

二、原料特性描述

1.名称

商品名：Uvinul® A Plus。

化学名称：二乙基氨基羟基苯甲酰苯甲酸己酯Hexyl 2-［1-（Diethylaminohydroxyphenyl）Methanoyl］Benzoate。

INCI名称：Diethylamino Hydroxybenzoyl Hexyl Benzoate。

CAS号：302776-68-7。

2.分子式及结构式

结构式：

分子式：$C_{24}H_{31}NO_4$。

分子量：397.52。

3.性状

固体，白色粉末。

熔点：54℃；314℃（分解温度）。

沸点：常压下不可沸腾。

密度：1.156（D420）。

4.溶解性

水：<0.01mg/L，20℃。

5.稳定性

6.pH值

6~7。

7.分配系数（Log P$_{ow}$）

$$Log\ P_{ow} = 6.2$$

8.纯度

99.35%。

9.杂质及含量

未知。

10.使用目的或功效

该原料拟用于化妆品中的使用目的为防晒剂，功能为紫外吸收。该原料易溶于油相，其疏水特性适用于防水配方中。

11.使用浓度

防晒化妆品中拟使用的最高浓度10%。

三、风险评估过程

1.危害识别

（1）毒理学终点

①急性经口毒性

方法：OECD TG 423（1996）。

结论：Wistar 大鼠 LD$_{50}$ > 2000mg/kg。

②皮肤刺激性

方法：OECD TG 404（1992）。

结论：在实验条件下，该物质无皮肤刺激性。

③眼刺激性

方法：OECD TG 405（1987）。

结论：该物质在测试条件下对眼部无刺激性。

④致敏性：豚鼠敏感性实验。

方法：OECD TG 406（1992）；US EPA，Health Effects Test Guidelines OPPTS 870.2600 "Skin Sensitization"（1998）；Japan MAFF guideline，59 Noh San No.4200（1985）。

结论：该物质在实验条件下经皮对豚鼠不具有致敏性。

⑤光毒性

a.体外光致染色体畸变实验

方法：SCC Guideline CSC/803–5/90（1990）Guidelines for assessing the potential for toxicity of compounds used as sunscreen agents in cosmetics，Annex 1，Notes for guidance for the toxicity testing of cosmetic ingredients；OECD TG 473（1997）。

结论：UV光照射后，该物质不引起中国仓鼠V97细胞染色体结构上的异常，也未出现中期多倍体细胞数量的增加。认为该物质不具光致染色体畸变性。

b.细菌光致回复突变实验

方法：OECD TG 471（1997）。

结论：UV光照射后，该物质在实验菌株：沙门菌和大肠埃希菌中未引起回复突变菌落显著增加。认为该物质不具有光致突变性。

c.豚鼠光毒性和光致敏性经皮实验

方法：实验设计根据相关文献实验方法执行。

结论：实验中未见由物质引起的光刺激性皮肤反应，诱导激发后也未见光致敏性皮肤反应，认为该物质不具光毒性和光致敏性。

d.体外细胞光毒性测试：3T3中性红摄取实验

方法：OECD TG 432。

结论：在人工光线条件下，该物质对3T3细胞未造成毒性，认为不具有光毒性。

⑥致畸性

经口灌胃Wistar大鼠胚胎发育毒性实验

方法：OECD draft 414（Draft 2000）；Japan/MHW：Guidelines for Toxicity Testing of Chemicals，Teratogenicity Test，MITI/MHW，1987（Translation），pp.212‑213。

结论：母体毒性未观察到有害作用剂量（NOAEL）为200~1000mg/kg bw/day；胚胎发育毒性NOAEL为＞1000mg/kg bw/day。

⑦遗传毒性

a.细菌回复突变实验

方法：OECD TG 471（1997）。

结论：受试物在实验条件下，对沙门菌和大肠埃希菌无致突变性。

b.体外细胞染色体畸变实验

方法：OECD TG 473（1997）。

结论：该物质不引起染色体结构上的异常，也未出现中期染色体异常的细胞数量的增加。该物质在体外V97细胞中不损伤染色体。

⑧亚慢性经口毒性

Wistar大鼠摄食给予3个月

方法：OECD TG 408（1998）。

结论：临床观察和临床病理未见物质相关影响。生殖器官和精子分析未见生殖力损害。实验得到未观察到有害作用剂量（NOAEL）为15 000ppm（1248.8mg/kg bw/day，雄；1452.1mg/kg bw/day，雌）。保守估计NOEL为3000ppm（250mg/kg bw）。

⑨透皮吸收

10%成分在油包水化妆品配方中，涂抹于分离猪皮，实验得到透皮吸收率为 $0.100\mu g/cm^2$ 或0.042%。

（2）危害识别　该物质为低毒，无遗传毒性，无眼刺激和皮肤刺激性，无致敏性，也无光毒性和光致敏性及光引起的遗传毒性。

2.剂量-反应关系评估

综合亚慢性毒性实验和生殖发育毒性实验的实验剂量，及所观察到的毒性反应，认为该物质未观察到有害作用剂量：NOAEL = 200mg/kg。

3.暴露评估

防晒产品是全身涂抹使用，因此认为暴露的成年人人体皮肤表面积18 000cm^2。

4.风险特征描述

计算安全边界值

经皮最大吸收率：$A = 0.1\mu g/cm^2$。

人体标准体重：60kg。

人体皮肤表面积：SAS = 18 000cm^2。

单次使用经皮吸收量：SAS × A × 0.001 = 1.800mg。

系统暴露量（SED）：SAS × A × 0.001/ 60 = 0.03mg/kg。

未观察到有害作用剂量：NOAEL= 200mg/kg（来自大鼠致畸实验）。

安全边界值（MoS）：NOAEL/SED = 6667。

四、风险评估结果的分析

毒理学数据相对完整、可靠。

五、原料风险评估结论

该物质为低毒，无局部刺激性和致敏性，无基因毒性，也无光毒性和光致敏性及光引起的遗传毒性，系统毒性（涵盖发育毒性）的安全边界值>100。因此认为该物质用于防晒产品中，最大浓度10%是安全的。

六、参考材料

SCCNFP/0756/03。

实例三 化妆品中抗坏血酸的风险评估

题目：___抗坏血酸___风险评估报告

评估单位：XXX安全评估部

评估人：

评估日期： 年 月 日

一、风险评估摘要

抗坏血酸在化妆品配方中被用作抗氧化剂，根据目前掌握的知识和数据，抗坏血酸在不同产品中含量不超过10％，使用之后没有对人体造成有害作用的风险。

二、原料特性描述

1.名称

CAS编号：50-81-7。

EINCES编号：200-06602。

2.分子式及结构式（略）

3.性状（略）

4.溶解性（略）

5.稳定性（略）

6.pH值（略）

7.分配系数（略）

8.纯度（略）

9.杂质及含量

这种物质含有杂质甲醇（60ppm）和乙醇（120ppm）。这两种杂质的残留含量不会危害人体健康。

（1）甲醇

在IUCLID[1]报告中，90天重复剂量经口毒性试验，结果显示NOAEL值=500mg/kg bw/d。为了描述该物质的系统性风险，采用NOAEL值。

皮肤吸收率以100%计算，以便找出最大的情形（"最坏的情形"）。甲醇含量为0.0006%的情况下，在成年人中安全边界值远远高于100，因为原材料在化妆品成品中的使用量是10%，它最多含60ppm的甲醇（表4-1）。

表4-1　杂质甲醇在可能存在风险的各类产品中的安全边界值汇总

产品类别	使用量（%）	A（g/d）	SED	安全边界值
身体乳液免洗	0.0006	7.82	0.000 782	639 356.189
身体乳液冲洗	0.0006	0.19	0.000 019	26 315 789.5
面霜免洗	0.0006	1.54	0.000 154	3 246 753.25
脸部化妆品	0.0006	0.51	0.000 051	9 803 921.57
面霜冲洗	0.0006	0.5	0.000 05	10 000 000
眼部产品免洗	0.0006	0.25	0.000 025	20 000 000
眼部化妆品	0.0006	0.025	0.000 002 5	200 000 000
眼部产品冲洗	0.0006	0.5	0.000 05	10 000 000
防晒产品	0.0006	18	0.0018	277 777.778
脸部防晒产品	0.0006	3.6	0.000 36	1 388 888.89
唇部产品	0.0006	0.057	0.000 005 7	87 719 298.2
香体棒	0.0006	1.5	0.000 15	3 333 333.33
香体喷雾（1.54g/d）	0.0006	1.43	0.000 143	3 496 503.5
指甲油	0.0006	0.05	0.000 005	100 000 000

（2）乙醇

在IUCLID报告中，一项生殖毒性实验，结果显示NOAEL=2000mg/kg bw/d。为描述这种物质的系统性风险，采用NOAEL值2000mg/kg bw/d。

皮肤吸收率以100%计算，以便找出最大的情形（"最坏的情形"）。乙醇含量为0.0012%的情况下，在成年人中安全边界值远远高于100，因为原材料在化妆品成品中的使用量是10%，它最多含120ppm的乙醇（表4-2）。

---

[1] IUCLID—http：//esis.jrc.ec.europa.eu/。

表4-2　杂质乙醇在可能存在风险的各类产品中的安全边界值汇总

产品类别	使用量（%）	A（g/d）	SED	安全边界值
身体乳液免洗	0.0012	7.82	0.001 564	1 278 772.38
身体乳液冲洗	0.0012	0.19	0.000 038	52 631 578.9
面霜免洗	0.0012	1.54	0.000 308	6 493 506.49
脸部化妆品	0.0012	0.51	0.000 102	19 607 843.1
面霜冲洗	0.0012	0.5	0.0001	20 000 000
眼部产品免洗	0.0012	0.25	0.000 05	40 000 000
眼部化妆品	0.0012	0.025	0.000 005	400 000 000
眼部产品冲洗	0.0012	0.5	0.0001	20 000 000
防晒产品	0.0012	18	0.0036	555 555.556
脸部防晒产品	0.0012	3.6	0.000 72	2 777 777.78
唇部产品	0.0012	0.057	0.000 011 4	175 438 596
香体棒	0.0012	1.5	0.0003	6 666 666.67
香体喷雾（1.54g/d）	0.0012	1.43	0.000 286	6 993 006.99
指甲油	0.0012	0.05	0.000 01	200 000 000

10.使用目的或功效

抗氧化剂。

11.使用浓度（略）

三、风险评估过程

1.危害识别

抗坏血酸在化妆品配方中被用作抗氧化剂。抗坏血酸是通过把山梨糖氧化成古洛糖酸，然后重新排列成人工合成的抗坏血酸。产物经过筛选挑出需要的粒子大小：90%粒子的直径大于150μm。

欧洲食品安全局、CIR的专家研究结论为抗坏血酸不会对人体健康造成威胁。抗坏血酸是一种美国公认安全使用物质（GRAS），在食品中用作化学防腐剂，也用作营养物质和/或膳食补充剂。美国成年人的维生素C饮食摄入量中位数预计为每天120mg。根据美国科学院，成年人可以接受的摄入量上限是每天2g。

2.剂量–反应关系评估

为了描述抗坏血酸的系统性风险，采用NOAEL（未观察到有害作用剂量）值=8100mg/（kg·d），这是经过连续13周的慢性试验确定的。

3.暴露评估

对于真皮吸收，默认数值是100%，选取最坏的情形。

A（g/d）：是指使用的化妆品的每日接触量，SCCS指引中规定的数值。

SED［mg/（kg·d）］：系统接触剂量。

$$SED= \frac{A \times [C(\%)/100] \times (DA_p/100) \times 1000}{60}$$

安全边界值=NOAEL/SED。

对志愿者进行的耐受性研究表明抗坏血酸稀释到10%这种物质无刺激性和致敏性。

4.风险特征描述

对于成年人，我们将验证在使用量为10%的情况下，安全边界值远远高于100（表4-3）。

表4-3 抗坏血酸在可能存在风险的各类产品中的安全边界值汇总

产品类别	使用量（%）	A（g/d）	SED	安全边界值
身体乳液免洗	10	7.82	13.033 333 33	621.483 376
身体乳液冲洗	10	0.19	0.316 666 667	25 578.947 4
面霜免洗	10	1.54	2.566 666 667	3 155.844 16
脸部化妆品	10	0.51	0.85	9 529.411 76
面霜冲洗	10	0.5	0.833 333 333	9720
眼部产品免洗	10	0.25	0.416 666 667	19 440
眼部化妆品	10	0.025	0.041 666 667	194 400
眼部产品冲洗	10	0.5	0.833 333 333	9720
防晒产品	10	18	30	270
脸部防晒产品	10	3.6	6	1350
唇部产品	10	0.057	0.095	85 263.157 9
香体棒	10	1.5	2.5	3240
香体喷雾（1.54g/d）	10	1.43	2.383 333 333	3 398.601 4
指甲油	10	0.05	0.833 333 33	97 200

四、风险评估结果的分析

因此，考虑到耐受性数据：①良好的皮肤和眼睛耐受性；②不存在致敏性、光毒性、基因毒性和致突变性；③安全边界值。

五、原料风险评估结论

经过上述分析，根据目前掌握的知识和数据，认为下列浓度的抗坏血酸在使用之后没有对人体造成有害作用的风险（表4-4）。

表4-4 抗坏血酸在各类产品中的推荐使用浓度

产品类别	成人使用量（%）
身体乳液免洗（7.82g/d）	10
身体乳液冲洗（0.19g/d）	10
面霜免洗（1.54g/d）	10
面霜冲洗（0.5g/d）	10
脸部化妆品（0.51g/d）	10
眼部产品免洗（0.25g/d）	10
眼部化妆品（0.025g/d）	10
眼部产品冲洗（0.5g/d）	10
防晒产品（18g/d）	10
脸部防晒产品（3.6g/d）	10
唇部产品（0.057g/d）	10
香体棒（1.5g/d）	10
香体喷雾（1.54g/d）	10
指甲油（0.05g/d）	10

六、证明性资料

1. IUCLID-http：//www.inchem.org/documents/sids/sids/64175.pdf。

2.《国际毒理学杂志》，24（附录2）：51-111，2005。

3.关于重新评估抗坏血酸（E300）、抗坏血酸钠（E301）和抗坏血酸钙（E302）作为食品添加剂的科学观点-EFSA杂志2015，13（5）：4087。

第五章　化妆品产品安全性评价实例

第一节　化妆品产品安全性评价报告介绍

化妆品产品的风险评估一般是企业用于评价其产品安全性的资料。产品的风险评估包含每一个原料的风险评估，还包含产品的特征描述、理化稳定性、风险物质危害识别、微生物学评估结论、人体安全数据等信息。化妆品产品的风险评估报告可参考《化妆品安全风险评估指南》（征求意见稿）中的要求和体例。由于篇幅所限，本书仅提供了化妆品产品安全性评价报告实例的框架部分内容。化妆品安全风险评估人员开展化妆品产品安全性评价时，应根据产品特点的具体情况进行分析。

化妆品产品的安全评价报告

题目：＿＿＿（产品名称）＿＿＿安全评价报告

产品配方号：

评估单位：

评估人：

评估日期：　　　年　　　月　　　日

一、安全评价摘要

二、产品特性描述

1.产品名称

2.产品配方（应包含各原料使用目的）

3.各原料理化信息

4.可能存在的风险物质信息

5.使用方法

6.使用目的或功效

7.使用量

8.其他

三、化妆品各原料或风险物质的风险评估过程

1.危害识别

（1）毒理学终点

①急性毒性：

②刺激性/腐蚀性：

③皮肤致敏性：

④皮肤光毒性：

⑤致突变性/遗传毒性：

⑥亚慢性毒性：

⑦发育和生殖毒性：

⑧慢性毒性/致癌性：

⑨毒代动力学：

⑩人群安全资料：

（2）危害识别

2.剂量－反应关系评估

3.暴露评估

4.风险特征描述

四、安全风险评估结果的分析（包括对风险评估过程中资料的完整性、可靠性、科学性的分析，数据不确定性的分析等）

五、安全风险控制措施或建议

六、化妆品产品安全评价结论（包括产品理化稳定性评价结论；产品微生物学评估结论；产品或配方类似产品的人体安全数据，包括临床数据、消费者使用调查、不良反应记录等）

七、证明性资料（包括：所涉文献资料内容、检测报告、涉及的原料规格证明等）

八、特殊说明

1.如果产品配方中两种或两种以上的原料，其可能产生系统毒性的作用机制相同，在计算安全边界值时应考虑累积暴露，并进行具体的个案分析。

2.全新配方或全新技术生产的产品，在原料安全风险评估判定安全性的基础上，应当进行人体斑贴试验或人体试用试验来验证产品不会产生局部毒性。否则，应当采用传统的终产品毒理学试验的方法进行产品安全性评价。

第二节　化妆品产品安全性评价实例

实例一　晚霜的风险评估

化妆品产品的安全评价报告

（样稿，仅供参考）

产品名称：XXX晚霜

产品配方号：……

评估单位：XXX XXX XXX

评估人：XXX（签名）

评估日期：XXXX年XX月XX日

目录（另起一页）

一、安全评价摘要（略）

二、产品特性描述

1.产品使用信息（表5-1）

表5-1　XXX晚霜的使用信息

产品名称	XXX晚霜	产品配方号		XXX
产品使用方法	每天晚上洁肤后，取适量（两粒珍珠大小，约0.5g），轻柔均匀地涂抹于面部			
使用注意事项	皮肤破损时慎用。使用后如有不适，请停止使用，并咨询购买柜台人员或皮肤科医生			
产品类型：驻留类	产品应用部位：面部	产品每日用量：1.54g/d		保留系数：1.0

2.产品配方表（表5-2）

表5-2　XXX晚霜的产品配方

序号	原料中文名称	原料英文名	在产品中的用量（%，w/w）	在原料中的浓度（%，w/w）	使用目的
1	水	AQUA	79.63	100.0	溶剂
2	甘油	GLYCERIN	5.00	100.0	保湿剂
3	角鲨烷	SQUALANE	2.50	100.0	润肤剂
4	鲸蜡硬脂醇	CETEARYL ALCOHOL	2.50	80.0	表面活性剂
	鲸蜡硬脂基葡糖苷	CETEARYL GLUCOSIDE		20.0	
5	双甘油	DIGLYCERIN	2.00	100.0	保湿剂
6	甘油	GLYCERIN	2.00	50.0	皮肤调理剂
	水	AQUA		45.0	
	水解羽扇豆蛋白	HYDROLYZED LUPINE PROTEIN		5.0	
7	聚二甲基硅氧烷	DIMETHICONE	1.20	80.0	润肤剂
	聚二甲基硅氧烷醇	DIMETHICONOL		20.0	
8	霍霍巴酯类	JOJOBA ESTERS	1.00	99.95	皮肤调理剂
	生育酚	TOCOPHEROL		0.05	
9	霍霍巴籽油	SIMMONDSIA CHINENSIS（JOJOBA）SEED OIL	0.50	100.0	润肤剂
10	向日葵籽油	HELIANTHUS ANNUUS（SUNFLOWER）SEED OIL	0.50	99.95	润肤剂
	生育酚	TOCOPHEROL		0.05	

序号	原料中文名称	原料英文名	在产品中的用量（%，w/w）	在原料中的浓度（%，w/w）	使用目的
11	牛油果树果脂	BUTYROSPERMUM PARKII（SHEA BUTTER）	0.50	100.0	润肤剂
12	锦纶-6/12	NYLON 6/12	0.50	100.0	助滑剂
13	PPG-5-月桂醇聚醚-5	PPG-5-LAURETH-5		4.0	
	聚丙烯酸钠	SODIUM POLYACRYLATE	0.35	58.0	增稠剂
	氢化聚癸烯	HYDROGENATED POLYDECENE		38.0	
14	积雪草苷	ASIATICOSIDE	0.30	100.0	皮肤调理剂
15	苯氧乙醇	PHENOXYETHANOL	0.30	100.0	防腐剂
16	香精	PARFUM	0.20	100.0	芳香剂
17	黄原胶	XANTHAN GUM	0.20	100.0	增稠剂
18	苯甲酸钠	SODIUM BENZOATE	0.20	100.0	防腐剂
19	尿囊素	ALLANTOIN	0.20	100.0	功效添加剂
20	柠檬酸	CITRIC ACID	0.12	100.0	pH调节剂
21	乙基己基甘油	ETHYLHEXYLGLYCERIN	0.10	100.0	保湿剂
22	生育酚乙酸酯	TOCOPHERYL ACETATE	0.10	100.0	皮肤调理剂
23	EDTA二钠	DISODIUM EDTA	0.05	100.0	螯合剂
24	人参根提取物	PANAX GINSENG ROOT EXTRACT		3.0	
	紫苏籽油	PERILLA OCYMOIDES SEED OIL		0.75	
	紫芝提取物	GANODERMA SINENSIS EXTRACT	0.01	0.75	皮肤调理剂
	霍霍巴籽油	SIMMONDSIA CHINENSIS（JOJOBA）SEED OIL		95.5	
25	甜扁桃油	PRUNUS AMYGDALUS DULCIS（SWEET ALMOND）OIL	0.01	100.0	皮肤调理剂

续表

序号	原料中文名称	原料英文名	在产品中的用量（%，w/w）	在原料中的浓度（%，w/w）	使用目的
26	水	AQUA	0.01	65.0	皮肤调理剂
	丁二醇	BUTYLENE GLYCOL		8.5	
	甘油	GLYCERIN		8.5	
	聚甘油-10肉豆蔻酸酯	POLYGLYCERYL-10 MYRISTATE		8.5	
	神经酰胺2	CERAMIDE 2		4.0	
	胆甾醇	CHOLESTEROL		3.5	
	苯氧乙醇	PHENOXYETHANOL		1.0	
	生育酚	TOCOPHEROL		1.0	
27	羧甲基脱乙酰壳多糖	CARBOXYMETHYL CHITOSAN	0.01	100.0	保湿剂
28	水	AQUA	0.01	77.0	皮肤调理剂
	丁二醇	BUTYLENE GLYCOL		20.0	
	膜荚黄芪根提取物	ASTRAGALUS MEMBRANACEUS ROOT EXTRACT		1.5	
	雪莲花提取物	SAUSSUREA INVOLUCRATA EXTRACT		0.75	
	肉苁蓉鳞茎提取物	CISTANCHE DESERTICOLA BULB EXTRACT		0.75	

以上组成本产品配方的全部原料均已收录在原国家食品药品监督管理总局发布的《已使用化妆品原料名称目录》（2015）中，不含有《化妆品安全技术规范》（2015）中规定的禁用物质组分，限用组分的使用符合该规范的技术要求；所用原料均符合本公司原材料的质量标准。

三、配方中各成分的安全性评价

1.关于对×××晚霜各成分进行危害识别的相关毒理学终点的情况描述（略）。

2.关于对×××晚霜各成分的风险评估过程（略）。

3.×××晚霜各成分的安全性评价见表5-3。

表5-3　XXX晚霜各成分的安全性评价

序号	原料中文名称	在产品中的总用量（%，w/w）	美国CIR评价报告中同类产品中的最高用量（%）	《化妆品安全技术规范》中规定的最大允许使用浓度或备注
1	水	80.546 500	—	为去离子水，符合化妆品生产用水要求
2	甘油	6.000 850	78.5	—
3	角鲨烷	2.500 000	50	—
4	鲸蜡硬脂醇	2.000 000	5	—
5	双甘油	2.000 000	—	本原料的大鼠经口90天重复剂量毒性试验的NOAEL = 1g/（kg·d），应用本产品后，本原料的暴露量为0.513mg/（kg·d），则MoS = 1000/0.513 = 1949.3，不会对人体健康造成危害
6	霍霍巴酯类	0.999 500	7	—
7	聚二甲基硅氧烷	0.960 000	10	—
8	鲸蜡硬脂基葡糖苷	0.500 000	2	—
9	霍霍巴籽油	0.509 550	53	—
10	锦纶-6/12	0.500 000	1	—
11	牛油果树果脂	0.500 000	15	—
12	向日葵籽油	0.499 750	96	—
13	苯氧乙醇	0.300 100	—	1%
14	积雪草苷	0.300 000	—	本原料的大鼠经口180天重复剂量毒性试验的NOAEL=120mg/（kg·d），应用本产品后，本原料的暴露量为0.077mg/（kg·d），则MoS = 120/0.077 =1558.4，不会对人体健康造成危害
15	聚二甲基硅氧烷醇	0.240 000	3	—
16	聚丙烯酸钠	0.203 000	5	—
17	苯甲酸钠	0.200 000	—	0.5%（以酸计）
18	黄原胶	0.200 000	6	—
19	尿囊素	0.200 000	0.4	—

续表

序号	原料中文名称	在产品中的总用量（%，w/w）	美国CIR评价报告中同类产品中的最高用量（%）	《化妆品安全技术规范》中规定的最大允许使用浓度或备注
20	香精	0.200 000	—	为日化香精，本原料中所含成分的纯度、用量均符合IFRA（国际日用香料协会）的规定
21	氢化聚癸烯	0.133 000	59	—
22	柠檬酸	0.120 000	4	—
23	生育酚乙酸酯	0.100 000	36	—
24	水解羽扇豆蛋白	0.100 000	—	为甜白羽扇豆的水解产物，其中主要含单糖、双糖和各种氨基酸，这些成分经皮肤吸收进入体内后，可被机体代谢为水和CO_2排出体外，不会对人体健康造成危害
25	乙基己基甘油	0.100 000	2	—
26	EDTA二钠	0.050 000	0.3	—
27	PPG-5-月桂醇聚醚-5	0.014 000	0.033	—
28	羧甲基脱乙酰壳多糖	0.010 000	—	大鼠60天经口亚慢些毒性试验的NOAEL = 9.6g/（kg·d），使用本产品后，本原料的暴露量为0.0026mg/（kg·d），校正系数 = 3，MoS = 9600/（0.0026×3）=1 230 769.2，不会对人体健康造成危害
29	甜扁桃油	0.010 000	—	美国CIR的安全性评价报告中，认为本原料为一种食用油，而在化妆品中的用量不大，全身暴露量远低于作为食用油时的暴露量，其系统毒性可以忽略
30	丁二醇	0.002 850	25	—
31	聚甘油-10肉豆蔻酸酯	0.000 850	1.2	—
32	生育酚	0.000 850	5.4	—
33	神经酰胺2	0.000 400	0.2	—
34	胆甾醇	0.000 350	5	—
35	人参根提取物	0.000 300	0.5	—

四、产品中可能存在的安全性风险物质的风险评估

可能由原料带入到本产品中的安全性风险物质的识别及风险评估见表5-4。

本产品配方所使用的原料理化性质稳定，根据已知的化学相互作用，原料混合后，在生产过程中不会产生安全性风险物质；生产过程严格按照《化妆品生产许可工作规范》（2015年第265号公告）进行生产，生产过程中不产生且不带入安全性风险物质。

表5-4　产品中可能含有的安全性风险物质识别及风险评估

序号	可能由原料带入的安全性风险物质	可能带入的原料名称	该安全性风险物质在原料中的含量	风险评估结果
1	铅	角鲨烷 霍霍巴酯类 聚二甲基硅氧烷 霍霍巴籽油 牛油果树果脂 向日葵籽油	—	成品已进行铅、汞、砷、镉的含量检测，检测结果均未超过《化妆品安全技术规范》（2015）中规定的化妆品产品中铅、汞、砷、镉的限值。本产品中可能含有的铅、汞、砷、镉不会对人体健康造成危害
2	汞	积雪草苷 聚二甲基硅氧烷醇 黄原胶 尿囊素 香精 氢化聚癸烯 生育酚乙酸酯 水解羽扇豆蛋白 EDTA二钠 PPG-5-月桂醇聚醚-5 羧甲基脱乙酰壳多糖 甜扁桃油 聚甘油-10肉豆蔻酸酯 生育酚		
3	砷			
4	镉	人参根提取物 膜荚黄芪根提取物 肉苁蓉鳞茎提取物 雪莲花提取物 紫苏籽油 紫芝提取物		
5	二甘醇	甘油 双甘油	≤0.01% ≤0.01%	在本产品中可能含有的二甘醇含量为≤0.001 900 085%。应用本产品后，二甘醇的暴露量为≤0.4877μg/（kg·d）。二甘醇的NOAEL = 50mg/kgbw/day，则MoS≥ 102 522，本产品中可能含有的微量二甘醇不会对人体健康造成危害

续表

序号	可能由原料带入的安全性风险物质	可能带入的原料名称	该安全性风险物质在原料中的含量	风险评估结果
6	1,4-二噁烷	苯氧乙醇 PPG-5-月桂醇聚醚-5	≤10ppm	在本产品中可能含有的二噁烷含量为≤0.031 41ppm,远低于《化妆品安全技术规范》(2015)中化妆品产品中二噁烷的限值(30ppm)规定,不会对人体健康造成危害
7	苯酚	苯氧乙醇	≤7ppm	在本产品中的可能含量为≤0.021 007ppm,远低于《日本厚生劳动省告示第331号》(2000)中附录3中的规定限值(0.1%)。产品中可能含有的苯酚不会对人体健康造成危害

五、产品的理化稳定性评估结果

对中试产品进行了稳定性考察,试验结果表明,不同温度条件、冻融循环、光照试验、振摇条件下放置,产品结构、外观、颜色、气味、pH值、黏度等均未见明显改变。

六、产品的微生物学评估结果

经合规的第三方化妆品检测机构检验,产品的菌落总数,霉菌和酵母菌,粪大肠菌群、金黄色葡萄球菌、铜绿假单胞菌指标均符合《化妆品安全技术规范》(2015)规定的微生物学质量要求。

经本公司化妆品微生物研究室检测,中试产品的微生物挑战试验结果符合要求。

七、产品的不良反应监测

暂无。

八、评估结论

对组成本产品的全部原料经安全性评价认为在配方中的应用是安全的;对本产品中的安全性风险物质进行了识别及风险评估,不会对人体健康造成危害;生产过程严格按照《化妆品生产许可工作规范》进行生产;产品在不同条件下的理化稳定性符合要求;产品的卫生化学指标符合法规要求。另外,本产品是对已上市产品进行了防腐体系的调整,配方的基质没有改变,而且截至目前,尚未监测到已上市产品在正常使用情况下出现严重不良反应的案例,该证据也支持本产品的安全性。

因此,本产品在正常、合理、可预见的使用条件下是安全的。

九、参考资料(略)

实例二　沐浴露的风险评估

化妆品产品的安全评价报告

（样稿，仅供参考）

产品名称：XXX沐浴露

产品配方号：……

评估单位：XXXXXXXXX

评估人：XXX

评估日期：XXXX年XX月XX日

目录（另起一页）

一、安全评价摘要

二、产品特性描述

1.产品使用信息（表5-5）

表5-5　XXX沐浴露的使用信息

产品名称	XXX沐浴露	产品配方号	XXXXXXXXX
产品使用方法	温水润湿全身后，取适量（两颗葡萄大小，约10ml），均匀涂抹于全身，轻轻按摩至起泡，再以清水洗净		
使用注意事项	使用后如有不适，请停止使用，并咨询购买柜台人员或皮肤科医生		
产品类型：淋洗类	产品应用部位：除头面部外的全身　产品每日用量：18.67g/d　保留系数：0.01		

2.产品配方表（表5-6）

表5-6　XXX沐浴露的产品配方

序号	原料中文名称	原料英文名称	在产品中的用量（％，w/w）	在原料中的浓度（％，w/w）	使用目的
1	水	AQUA	69.78	100.0	溶剂

续表

序号	原料中文名称	原料英文名称	在产品中的用量（%，w/w）	在原料中的浓度（%，w/w）	使用目的
2	C$_{14\sim16}$烯烃磺酸钠	SODIUM C$_{14\sim16}$ OLEFIN SULFONATE	8.0	35.0	表面活性剂
	水	AQUA		65.0	
3	水	AQUA	5.0	70.0	表面活性剂
	月桂酰肌氨酸钠	SODIUM LAUROYL SARCOSINATE		30.0	
4	水	AQUA	4.0	64.6	表面活性剂
	月桂酰胺丙基甜菜碱	LAURAMIDOPROPYL BETAINE		30.0	
	苯甲酸钠	SODIUM BENZOATE		0.4	
	氯化钠	SODIUM CHLORIDE		5.0	
5	水	AQUA	3.0	58.0	表面活性剂
	月桂酰谷氨酸钠	SODIUM LAUROYL GLUTAMATE		30.0	
	氯化钠	SODIUM CHLORIDE		5.0	
	月桂酸钠	SODIUM LAURATE		3.0	
	谷氨酸钠	SODIUM GLUTAMATE		2.0	
	异丙醇	ISOPROPYL ALCOHOL		2.0	
6	甘油	GLYCERIN	2.5	100.0	保湿剂
7	氢氧化钾	POTASSIUM HYDROXIDE	2.3	100.0	pH调节剂
8	乙二醇硬脂酸酯	GLYCOL STEARATE	2.0	100.0	助乳化剂
9	硬脂酸	STEARIC ACID	1.0	100.0	润肤剂
10	羟乙基纤维素	HYDROXYETHYLCELLULOSE	0.7	100.0	增稠剂
11	异硬脂酰乳酰乳酸钠	SODIUM ISOSTEAROYL LACTYLATE	0.5	100.0	保湿剂
12	香精	PARFUM	0.4	100.0	芳香剂
13	乙二胺四乙酸	EDTA	0.2	100.0	螯合剂
14	马来酸改性蓖麻油	CASTORYL MALEATE	0.2	100.0	乳化剂
15	DMDM乙内酰脲	DMDM HYDANTOIN	0.2	55.0	防腐剂
	水	AQUA		45.0	

序号	原料中文名称	原料英文名称	在产品中的用量（%，w/w）	在原料中的浓度（%，w/w）	使用目的
16	瓜儿胶羟丙基三甲基氯化铵	GUAR HYDROXYPROPYLTRIMONIUM CHLORIDE	0.15	100.0	皮肤调理剂
17	丁羟甲苯	BHT	0.05	100.0	抗氧化剂
18	丙二醇	PROPYLENE GLYCOL	0.01	20.0	皮肤调理剂
	水	AQUA		78.75	
	土茯苓根提取物	SMILAX GLABRA ROOT EXTRACT		0.75	
	苯氧乙醇	PHENOXYETHANOL		0.5	
19	白花百合鳞茎提取物	LILIUM CANDIDUM BULB EXTRACT	0.01	3.0	皮肤调理剂
	丙二醇	PROPYLENE GLYCOL		20.6	
	水	AQUA		76.0	
	双（羟甲基）咪唑烷基脲	DIAZOLIDINYL UREA		0.396	
	碘丙炔醇丁基氨甲酸酯	IODOPROPYNYL BUTYLCARBAMATE		0.0040	
20	柠檬酸	CITRIC ACID	0.000 001	100.0	pH调节剂

以上组成本产品配方的全部原料均已收录在原国家食品药品监督管理总局发布的《已使用化妆品原料名称目录》（2015）中，不含有《化妆品安全技术规范》（2015）中规定的禁用物质组分，限用组分的使用符合该规范的技术要求；所用原料均符合本公司原材料的质量标准。

三、配方中各成分的安全性评价

1.关于对×××沐浴露各成分进行危害识别的相关毒理学终点的情况描述（略）。

2.关于对×××沐浴露各成分的风险评估过程（略）。

3.×××沐浴露各成分的安全性评价见表5-7。

表5-7　XXX沐浴露各成分的安全性评价

序号	原料中文名称	在产品中的总用量（%，w/w）	美国CIR评价报告中同类产品中的最高用量（%）	《化妆品安全技术规范》中规定的最大允许使用浓度或备注
1	水	82.909 8500	—	为去离子水，符合化妆品生产用水要求
2	$C_{14\sim16}$烯烃磺酸钠	2.800 000 0	16	—
3	甘油	2.500 000 0	68.6	—
4	氢氧化钾	2.300 000 0	10	—
5	乙二醇硬脂酸酯	2.000 000 0	5	—
6	月桂酰肌氨酸钠	1.500 000 0	15	—
7	月桂酰胺丙基甜菜碱	1.200 000 0	13	—
8	硬脂酸	1.000 000 0	25	—
9	月桂酰谷氨酸钠	0.900 000 0	40	—
10	羟乙基纤维素	0.700 000 0	1	—
11	异硬脂酰乳酰乳酸钠	0.500 000 0	—	美国CIR对硬脂酰谷氨酸钠进行了安全性评价，评价结论认为该原料在淋洗类产品中的用量在1.1%以下是安全的。本原料与硬脂酰谷氨酸钠在化学结构上相似，根据相似结构相似效应的原理，可以认为，本原料以0.5%的浓度在本产品中的应用是安全的
12	香精	0.400 000 0	—	为日化香精，本原料中所含成分的纯度、用量均符合IFRA（国际日用香料协会）的规定
13	氯化钠	0.350 000 0	—	为一种可食用物质，且本产品为淋洗类产品，本原料为高度离子化的原料，其经皮吸收率可按10%计算，产品使用后在皮肤上的残留率仅为1%，经皮吸收量为1.0891μg/（kg·d），不会对人体健康造成危害

续表

序号	原料中文名称	在产品中的总用量（%，*w/w*）	美国CIR评价报告中同类产品中的最高用量（%）	《化妆品安全技术规范》中规定的最大允许使用浓度或备注
14	马来酸改性蓖麻油	0.200 000 0	—	供应商提供的技术资料中，大鼠经口给药连续28天毒性试验的耐受剂量为 50~1000mg/（kg·d），但未给出 NOAEL 的具体剂量，此处以 NOAEL = 50mg/（kg·d），校正系数 = 3。使用本产品后，本原料的暴露量为 0.006 223 3mg/（kg·d），MoS = 50/0.006 223 3/3 = 2678.1。不会对人体健康造成危害
15	乙二胺四乙酸	0.200 000 0	0.2	—
16	瓜儿胶羟丙基三甲基氯化铵	0.150 000 0	0.8	—
17	DMDM 乙内酰脲	0.110 000 0	—	0.6%
18	月桂酸钠	0.090 000 0	—	美国 CIR 对月桂酸的安全性评价报告中，评价结论认为月桂酸在皮肤清洁用品中的用量在10%及以下时的应用是安全的。本原料为月桂酸的钠盐，在产品中的用量为0.09%，可以认为，本原料在本产品中的应用是安全的
19	谷氨酸钠	0.060 000 0	2	—
20	异丙醇	0.060 000 0	26	—
21	丁羟甲苯	0.050 000 0	0.05	—
22	苯甲酸钠	0.016 000 0	—	0.5%（以酸计）
23	丙二醇	0.004 060 0	10	—
24	苯氧乙醇	0.000 050 0	—	1.0%
25	双（羟甲基）咪唑烷基脲	0.000 039 6	—	0.5%
26	碘丙炔醇丁基氨甲酸酯	0.000 000 4	—	0.02%

四、产品中可能存在的安全性风险物质的风险评估

可能由原料带入到本产品中的安全性风险物质的识别及风险评估见表5-8。

本产品配方所使用的原料理化性质稳定，根据已知的化学相互作用，原料混合后，在生产过程中不会产生安全性风险物质；生产过程严格按照《化妆品生产许可工作规范》（2015年第265号公告）进行生产，生产过程中不产生且不带入安全性风险物质。

表5-8　产品中可能含有的安全性风险物质的识别及风险评估

序号	可能由原料带入的安全性风险物质	可能带入的原料名称	该安全性风险物质在原料中的含量	风险评估结果
1	铅	C_{14-16}烯烃磺酸钠 异硬脂酰乳酰乳酸钠 硬脂酸	—	成品已进行铅、汞、砷、镉的含量检测，检测结果均未超过《化妆品安全技术规范》（2015）中规定的化妆品产品中铅、汞、砷、镉的限值。本产品中可能含有的铅、汞、砷、镉不会对人体健康造成危害
2	汞	月桂酰谷氨酸钠 香精 马来酸改性蓖麻油 氯化钠		
3	砷	乙二胺四乙酸 月桂酸钠 丁羟甲苯 白花百合鳞茎提取物		
4	镉	土茯苓根提取物		
5	二甘醇	甘油 丙二醇	≤0.01% ≤0.1%	在本产品中可能含有的二甘醇含量为≤0.000 254 06%。应用本产品后，二甘醇的暴露量为≤0.007 905 5μg/（kg·d）。二甘醇的NOAEL=50mg/kg bw/day，则MoS≥6 324 710.3，本产品中可能含有的微量二甘醇不会对人体健康造成危害
6	1,4-二噁烷	乙二醇硬脂酸酯 苯氧乙醇	≤10ppm ≤10ppm	在本产品中可能含有的二噁烷含量为≤0.200 005ppm，远低于《化妆品安全技术规范》（2015）中化妆品产品中二噁烷的限值（30ppm）的规定，不会对人体健康造成危害

续表

序号	可能由原料带入的安全性风险物质	可能带入的原料名称	该安全性风险物质在原料中的含量	风险评估结果
7	亚硝胺	月桂酰肌氨酸钠 月桂酰胺丙基甜菜碱	≤15ppb ≤15ppb	在本产品中可能含有的亚硝胺含量为≤0.0405%，应用本产品后，亚硝胺的暴露量为≤0.000 001 26μg/（kg·d），远低于提示具有遗传毒性结构类物质的TTC值〔0.0025μg/（kg·d）〕，不会对人体健康造成危害
8	苯酚	苯氧乙醇	≤7ppm	在本产品中的含量为≤0.000 003 5ppm，远低于《日本厚生劳动省告示第331号》（2000）中附录3中的规定限值（0.1%）。产品中可能含有的苯酚不会对人体健康造成危害

五、产品的理化稳定性评估结果

对中试产品进行了稳定性考察，试验结果表明，不同温度条件、冻融循环、光照试验、振摇条件下放置，产品结构、外观、颜色、气味、pH值、黏度等均未见明显改变。

六、产品的微生物学评估结果

经合规的第三方化妆品检测机构检验，产品的菌落总数，霉菌和酵母菌，粪大肠菌群、金黄色葡萄球菌、铜绿假单胞菌指标均符合《化妆品安全技术规范（2015年版）》规定的微生物学质量要求。

经本公司化妆品微生物研究室检测，中试产品的微生物挑战试验结果符合要求。

七、产品的不良反应监测结果

无。

八、评估结论

对组成本产品的全部原料经安全性评价认为在配方中的应用是安全的；对本产品中的安全性风险物质进行了识别及风险评估，不会对人体健康造成危害；生产过程严格按照《化妆品生产许可工作规范》进行生产；产品在不同条件下的理化稳定性符合要求；产品的卫生化学指标符合法规要求。

本产品在正常、合理、可预见的使用条件下是安全的。

九、参考资料（略）

实例三　染发膏的风险评估

化妆品产品的安全评价报告

（样稿，仅供参考）

产品名称：XXX染发膏

产品配方号：XXX XXX XXX

（可配合用 双氧乳 XXX XXX；XXX XXX另作评估）

评估单位：XXX

评估人：XXX

评估日期：XXXX年XX月XX日

目录（另起一页）

一、安全评价摘要

本产品为氧化型染发剂，XXX染发膏（承载染料前体和耦合体）须搭配双氧乳使用。

该产品的安全性由染发膏中的成分决定，其中包括化妆品基质原料，形成染料的前体和耦合体。参与反应的前体、耦合体和氧化剂在《化妆品安全技术规范》有规定具体限值和使用条件来确保其安全。此外，针对欧盟法规中允许使用的染膏中的前体、耦合体在氧化条件下的反应产物，欧盟主要的化妆品评估机构，欧盟消费者安全科学委员会（SCCS）已做过全面的安全评估，结论公开发表在多份评审意见中（详见参考文献），因此在常规产品评估报告中不做重复论证。实际使用过程中，染发膏和双氧乳混合后在使用中仍有短时皮肤暴露，应在原料安全评估的前提下，开展皮肤急性刺激性研究。

此类产品应结合风险警示和使用说明（如佩戴手套和染发前48小时进行皮肤

测试等）来规范目标人群（消费者和理发师）的安全使用和风险控制。

二、产品特性描述

1.产品名称

XXX染发膏（配合用双氧乳9%或6%）。

2.产品配方（表5-9）

表5-9　XXX染发膏产品配方

序号	标准中文名称	INCI名	原料/成分在配方中百分含量（%）	成分在原料中百分比（%）	使用目的
1	水	AQUA/WATER	69.334	100	溶剂
2	鲸蜡硬脂醇	CETEARYL ALCOHOL	14.4	100	乳化剂
3	水	AQUA/WATER	8	58.85	pH调节剂
	氢氧化铵	AMMONIUM HYDROXIDE		41.15	
4	水	AQUA/WATER	2	60	螯合剂
	喷替酸五钠	PENTASODIUM PENTETATE		40	
5	油酸	OLEIC ACID	1.8	100	乳化剂
6	油醇	OLEYL ALCOHOL	1.8	100	溶剂
7	硫羟乳酸铵	AMMONIUM THIOLACTATE	0.8	58	还原剂
	水	AQUA/WATER		42	
8	p-苯二胺	p-PHENYLENEDIAMINE	0.663	100	发用着色剂
9	香精	PARFUM/FRAGRANCE	0.5	100	芳香剂
10	m-氨基苯酚	m-AMINOPHENOL	0.338	100	发用着色剂
11	间苯二酚	RESORCINOL	0.33	100	发用着色剂
12	4-氨基-2-羟基甲苯	4-AMINO-2-HYDROXYTOLUENE	0.035	100	发用着色剂

3.各原料理化信息（建议用简短语言描述）

4.可能存在的风险物质信息（见"风险物质"部分）

5.使用方法

染膏和双氧乳按 1 : 1.5 混合后，均匀涂抹于头发上，停留 30 分钟后洗去。

6.使用目的或功效

永久型染发剂。

7.使用量

每次使用经皮暴露量为 100g（SCCS 指导原则），每隔 4~6 周使用一次。

三、化妆品各原料或风险物质的风险评估过程（表5-10）

关于对 ×××染发膏配方中各成分进行危害识别的相关毒理学终点的情况描述（略）。所有成分均已列入原国家食品药品监督管理总局发布的《已使用化妆品原料名称目录》。暴露评估（SCCS 指导原则）：①产品驻留因子：0.1；②平均每日暴露剂量 100g/28d=3.57g/d；③暴露剂量＝平均每日暴露剂量 × 产品驻留因子 × 成分在混合物中百分比 × 透皮率/60kg（人体平均体重）。

表5-10　XXX染发膏的安全性评价

标准中文名称	INCI名	成分在配方中百分比(%)	安全性评估	MoS=NOAEL/SED
水	WATER	75.578	水在本产品中应用无安全风险	N/A
鲸蜡硬脂醇	CETEARYL ALCOHOL	14.4	鲸蜡硬脂醇已列入美国CIR评论认为其用于化妆品是安全的，化妆品中最大安全用量达25%。本配方中添加量在安全用量以内，无安全风险	N/A
氢氧化铵	AMMONIUM HYDROXIDE	3.292	氢氧化铵（即一水合氨）符合《化妆品安全技术规范》表3化妆品限用组分要求。氢氧化铵在本配方中用于调节配方pH值，无安全风险	N/A
油酸	OLEIC ACID	1.8	美国CIR评论认为其用于化妆品是安全的，化妆品中最大安全用量达50%。本配方中添加量在安全用量以内，无安全风险	N/A

续表

标准中文名称	INCI名	成分在配方中百分比(%)	安全性评估	MoS=NOAEL/SED
油醇	OLEYL ALCOHOL	1.8	美国CIR评论认为，其用于化妆品中是安全的，配方最大安全使用量为50%。本配方中添加量在安全用量以内，无安全风险	*N/A*
喷替酸五钠	PENTASODIUM PENTETATE	0.8	美国CIR评论认为，其用于化妆品是安全的，配方最大安全用量达3%。本配方中添加量在安全用量以内，无安全风险	*N/A*
p–苯二胺	p–PHENYLENEDIAMINE	0.663	《化妆品安全技术规范》的化妆品准用染发剂（表7）规定氧化型染发产品最大允许使用浓度为2.0%，本配方中添加量在限量以内	*N/A*
（日用）香精	FRAGRANCE	0.5	其使用符合国际日用香料协会（IFRA）实践法规要求	*N/A*
硫羟乳酸铵	AMMONIUM THIOLACTATE	0.464	①急性毒性：该物质单次经口急性毒性试验显示为低毒性②局部刺激性：该物质在8.1%浓度下皮肤耐受度好；该物质在浓度5.1%时对眼有轻微刺激性③皮肤致敏性：该物质在1.75%时对皮肤无致敏性④致突变性/遗传毒性：该物质无潜在致基因突变性和致染色体畸变性⑤系统毒性：经过危害特征描述，该原料的未观察到有害作用剂量（NOAEL）为174mg/（kg·d），经计算安全边界值：MoS= NOAEL/SED>100，该原料在本产品中应用无安全风险⑥发育和生殖毒性：该物质经皮暴露剂量达100mg/（kg·d）时，未见生殖发育毒性⑦该物质的透皮率为7.7%	3411
m–氨基苯酚	m–AMINOPHENOL	0.338	《化妆品安全技术规范》的化妆品准用染发剂（表7）规定氧化型染发产品最大允许使用浓度为1.0%，本配方中添加量在限量以内	*N/A*

续表

标准中文名称	INCI名	成分在配方中百分比（%）	安全性评估	MoS=NOAEL/SED
间苯二酚	RESORCINOL	0.33	《化妆品安全技术规范》的化妆品准用染发剂（表7）规定氧化型染发产品最大允许使用浓度为1.25%，本配方中添加量在限量以内	N/A
4-氨基-2-羟基甲苯	4-AMINO-2-HYDROXYTOLUENE	0.035	《化妆品安全技术规范》的化妆品准用染发剂（表7）规定氧化型染发产品最大允许使用浓度为1.5%，本配方中添加量在限量以内	N/A

1.风险物质

化妆品中可能存在的安全性风险物质是指由化妆品原料带入、生产过程中产生或带入的，可能对人体健康造成潜在危害的物质。

本产品的生产符合国家相关法律法规，对生产过程和产品包装材料进行严格的管理和控制。通过后附的安全性风险物质危害识别表（表5-11），对化妆品中可能存在的安全性风险物质进行危害识别，判断产品中是否含有可能存在的安全性风险物质，并进行风险评估。认为由化妆品原料带入、生产过程中产生或带入的物质，在本产品正常以及合理的、可预见的使用条件下，不会对人体健康造成潜在危害。

表5-11 XXX染发膏中安全性风险物质危害识别

序号	INCI名	可能存在风险物质	评估结论	杂质	原料中杂质	单位	终产品中杂质	单位
2	鲸蜡硬脂醇	√	风险物质甲醇低于卫生规范限量	甲醇	<1000	ppm	144	ppm
6	油醇	√	风险物质甲醇低于卫生规范限量	甲醇	<1000	ppm	18	ppm
11	间苯二酚	√	风险物质苯酚低于日本化妆品规范限量0.1%（《化妆品标准》，日本厚生省告示第331号，2000年9月29日）	苯酚	<1000	ppm	3.3	ppm
12	4-氨基-2-羟基甲苯	√	风险物质甲醇低于卫生规范限量	甲醇	≤1000	ppm	0.35	ppm

2.斑贴实验

说明：测试的染发膏和双氧乳为相似配方，双氧乳高浓度实验结果可涵盖低浓度（表5–12）。

表5–12　XXX染发膏的斑贴实验

临床研究机构	配方号/批号	受试者	实验情况	结论	日期和索引
XXX 皮肤科医生： XXX	XXX（配方号） XXXX–XX–XX（批号）	XX名健康人群：男XX名，女XX名，年龄区间18~70	XXX染发膏 和 XXX双氧乳混合（比例1：1.5） XX类型斑贴 斑贴停留XX小时 斑贴部位：背部	可耐受	20XX（日期） XXX（索引）

四、安全风险评估结果的分析

根据供应商提供数据，内部安全数据和发布的安全评估数据，结合产品暴露，对染膏中的每一个成分都进行了全面的风险评估，认为对人群无健康风险。然后对成品在使用中的皮肤耐受性通过比对相似配方的临床斑贴实验结果进行了进一步验证，认为在实际使用中无潜在皮肤刺激性。对染发膏在部分人群中可能引起过敏反应的风险则通过风险标识和皮肤过敏测试来规避。

五、安全风险控制措施或建议（图5–1）

图5–1　风险警示

六、化妆品产品安全评价结论

根据对产品配方的每一成分的安全评估结果，可能存在的风险物质的风险评估，理化分析结果（见执行标准），微生物的检测结果（见检验报告），铅、汞、砷重金属的检测结果（见报告），可能存在的风险物质的检测结果或原料规格（见报告或原料规格），配方的稳定性测试（本产品通过公司内部稳定性测试，相关测试数据均保存归档，如有必要可供查阅），配方中各成分之间未预见会发生有害的相互作用（见附录）。在确认化妆品配方中各成分的安全性前提下，在确有必要时，可以通过对化妆品成品或类似产品进行的临床研究或售后不良反应监测等资料，在确认化妆品配方中各成分的安全性的基础上，进一步确证成品不会引起刺激性或皮肤变态反应。相关研究资料均保存归档，如有必要可供查阅。该产品在正常以及合理的、可预见的使用条件下，不会对人体健康产生危害。

七、证明性资料

1. 欧盟消费者安全科学委员会（SCCS）化妆品成分安全评价指导原则（SCCS/1564/15）。

2. 染发剂成分的遗传毒性/致突变性（SCCP/0971/06）。

3. 发用着色剂成分的反应产物（SCCS/1311/10）。

4. 染发剂和皮肤的过敏性（SCCP/1104/07）。

实例四　洗面奶的风险评估

化妆品产品的安全评价报告

（样稿，仅供参考）

产品名称：XXX洗面奶

产品配方号：……

评估单位：XXXXXXXXX

评估人：XXX

评估日期：XXXX年XX月XX日

目录（另起一页）

一、安全评价摘要

通过对产品安全评估，该产品在正常和可预见使用条件下，不会对人体健康产生危害……

二、产品特性描述

1.产品名称

XXX洗面奶。

2.产品配方（表5-13）

表5-13　XXX洗面奶产品配方

序号	标准中文名称	INCI名	原料/成分在配方中百分含量（%）	成分在原料中百分比（%）	成分在配方中百分比（%）	使用目的
1	水	AQUA	65	100	65	溶剂
2	水	AQUA	15	70	10.5	清洁剂
	椰油酰两性基乙酸钠	SODIUM COCOAMPHOACETATE		30	4.5	
3	棕榈酸	PALMITIC ACID	5	100	5	清洁剂
4	甘油	GLYCERIN	4.3	100	4.3	保湿剂
5	氢氧化钾	POTASSIUM HYDROXIDE	3	100	3	pH调节剂
6	1,3-丙二醇	1,3-PROPANEDIOL	3	100	3	溶剂
7	肉豆蔻酸	MYRISTIC ACID	3	100	3	清洁剂
8	苯氧乙醇	PHENOXYETHANOL	0.5	100	0.5	防腐剂
9	香精	PARFUM	0.2	100	0.2	芳香剂
10	棕榈酸乙基己酯	ETHYLHEXYL ISOPALMITATE	0.5	100	0.5	皮肤调理剂
11	抗坏血酸葡糖苷	ASCORBYL GLUCOSIDE	0.5	100	0.5	皮肤调理剂

3.各原料理化信息（略，可以简要描述理化性质）

4.可能存在的风险物质信息（表5-15）

5.产品类型

本产品为淋洗类的面部产品。

6.使用量

每次使用经皮暴露量为1600mg，产品驻留因子为0.1（SCCS指导原则）。

暴露剂量=产品每日使用量 × 产品驻留因子 × 成分在配方中百分比 × 透皮率/60kg（人体平均体重）。

三、化妆品各原料或风险物质的风险评估过程（表5-14）

1.关于对 ××× 洗面奶配方中各成分进行危害识别的相关毒理学终点的情况描述（略）。

2.关于对 ××× 洗面奶各成分的风险评估过程（略）。

3.××× 洗面奶各成分的安全性评价汇总见表5-14。

表5-14　XXX洗面奶各成分安全性评价

标准中文名称	INCI名	成分在配方中百分比（%）	安全性评估	MoS=NOAEL/SED
水	AQUA	75.5	水在本产品中应用无安全风险	N/A
棕榈酸	PALMITIC ACID	5	棕榈酸已列入原国家食品药品监督管理总局发布的"已使用化妆品原料名称目录"。美国CIR评论认为其用于化妆品是安全的，化妆品中最大安全用量达25%。本配方中添加量在安全用量以内，无安全风险	N/A
椰油酰两性基乙酸钠	SODIUM COCOAMPHOACETATE	4.5	椰油酰两性基乙酸钠已列入原国家食品药品监督管理总局发布的"已使用化妆品原料名称目录"。美国CIR评论认为其用于化妆品是安全的，化妆品中最大安全用量达18%。本配方中添加量在安全用量以内，无安全风险	N/A

标准中文名称	INCI名	成分在配方中百分比（%）	安全性评估	MoS=NOAEL/SED
甘油	GLYCERIN	4.3	甘油已列入原国家食品药品监督管理总局发布的"已使用化妆品原料名称目录"。美国CIR评论认为其用于化妆品是安全的，化妆品中最大安全用量达78.5%。本配方中添加量在安全用量以内，无安全风险	N/A
氢氧化钾	POTASSIUM HYDROXIDE	3	氢氧化钾已列入原国家食品药品监督管理总局发布的"已使用化妆品原料名称目录"。符合《化妆品卫生规范》表3化妆品组分中限用物质要求。氢氧化钾是收录于《食品添加剂使用标准》（GB2760—2011）中的食品添加剂，也是使用多年的化妆品原料，在本配方中用于调节配方pH值，无安全风险	N/A
1,3-丙二醇	PROPANEDIOL	3	1,3-丙二醇已列入原国家食品药品监督管理总局发布的"已使用化妆品原料名称目录" 毒理学终点如下： ①急性毒性：急性经口毒性试验显示该原料为低毒性 ②皮肤刺激性：该原料在浓度为100%时对皮肤为轻微刺激性 ③眼刺激性：该原料在浓度为100%时无眼刺激性 ④皮肤变态反应：该原料在浓度为50%时无致敏性 ⑤皮肤光毒性：该原料不具有紫外光吸收特性，故认为其不具有皮肤光毒性 ⑥致突变性：该原料无潜在基因突变性或染色体畸变性 ⑦系统毒性：经过危害特征描述，该类原料的未观察到有害作用剂量（NOAEL）为1000mg/（kg·d）；经计算安全边界值：MoS=NOAEL/SED>100 该原料在本产品中应用无安全风险	1250

续表

标准中文名称	INCI名	成分在配方中百分比（%）	安全性评估	MoS=NOAEL/SED
肉豆蔻酸	MYRISTIC ACID	3	肉豆蔻酸已列入原国家食品药品监督管理总局发布的"已使用化妆品原料名称目录"。美国CIR评论认为其用于化妆品是安全的，化妆品中最大安全用量达50%。本配方中添加量在安全用量以内，无安全风险	*N/A*
苯氧乙醇	PHENOXYETHANOL	0.5	防腐剂苯氧乙醇符合《化妆品安全技术规范》表4化妆品准用防腐剂要求。其在《化妆品安全技术规范》中的限用量为1%，本配方的添加量低于其限量，无安全风险	*N/A*
抗坏血酸葡糖苷	ASCORBYL GLUCOSIDE	0.5	抗坏血酸葡糖苷已列入原国家食品药品监督管理总局发布的"已使用化妆品原料名称目录"。抗坏血酸葡糖苷是维生素C的葡萄糖苷衍生物，维生素C和葡萄糖是人体日常摄取并存在于体内的物质 毒理学终点如下： ①急性毒性：急性经口毒性试验显示该原料为低毒性 ②皮肤刺激性：该原料在浓度为100%时无皮肤刺激性 ③眼刺激性：该原料在浓度为100%时对眼睛为轻微刺激性 ④皮肤变态反应：该原料在浓度为75%时无致敏性 ⑤皮肤光毒性：该类原料不具有紫外光吸收特性，故认为其不具有皮肤光毒性 ⑥致突变性：该原料无潜在基因突变性或染色体畸变性 ⑦系统毒性：抗坏血酸葡糖苷是维生素C的葡萄糖苷衍生物，维生素C和葡萄糖是人体日常摄取并存在于体内的物质，本产品中添加量无安全风险。该原料在本产品中应用无安全风险	*N/A*

续表

标准中文 名称	INCI名	成分在配 方中百分 比（%）	安全性评估	MoS= NOAEL/ SED
棕榈酸乙 基己酯	ETHYLHEXYL ISOPALMITATE	0.5	棕榈酸乙基己酯已列入原国家食品药品监督管理总局发布的"已使用化妆品原料名称目录" 毒理学终点如下： ①急性毒性：急性经口和经皮毒性实验显示其为低毒性 ②皮肤刺激性：该原料在浓度为100%时对皮肤轻微刺激性 ③眼刺激性：该原料在浓度为100%时对眼轻微刺激性 ④皮肤变态反应：该原料在浓度为50%时无致敏性 ⑤皮肤光毒性：该类原料不具有紫外光吸收特性，故认为其不具有皮肤光毒性 ⑥致突变性：该原料无潜在基因突变性或染色体畸变性 ⑦系统毒性：根据暴露评估和毒理学关注阈值原则，该原料在当前使用下暴露量为800μg/d，该原料属于Cramer一类物质，毒理学关注阈值为1800μg/d，暴露量小于该阈值，可忽略其潜在系统毒性 该原料在本产品中应用无安全风险	N/A
香精	PARFUM	0.2	其使用符合国际日用香料协会（IFRA）实践法规要求	N/A

四、化妆品中可能存在的风险物质的风险评估

化妆品中可能存在的安全性风险物质是指由化妆品原料带入、生产过程中产生或带入的，可能对人体健康造成潜在危害的物质。

本产品的生产符合国家相关法律法规，对生产过程和产品包装材料进行严格的管理和控制。通过后附的安全性风险物质危害识别表（表5-15），对化妆品中可能存在的安全性风险物质进行危害识别，判断产品中是否含有可能存在的安全性风险物质，并进行风险评估。认为由化妆品原料带入、生产过程中产生或带入的物质，在本产品正常以及合理的、可预见的使用条件下，不会对人体健康造成潜

在危害。

表5-15 XXX洗面奶中安全性风险物质危害识别

序号	INCI 名	可能存在风险物质	评估结论	杂质	原料中杂质	单位	终产品中杂质	单位
4	甘油	√	风险物质甲醇低于《化妆品安全技术规范》限量	甲醇	<1000	ppm	44	ppm
6	1,3-丙二醇	√	风险物质二甘醇低于欧盟消费者安全科学委员会限量	二甘醇	<1000	ppm	3.3	ppm
8	苯氧乙醇	√	风险物质二噁烷低于《化妆品安全技术规范》限量	二噁烷	<=30	ppm	0.35	ppm
		√	风险物质苯酚低于《化妆品基准》（日本厚生省告示第331号，2000年9月29日）的使用限量	苯酚	<1000	ppm	5.3	ppm

五、化妆品产品安全评价结论

根据对产品配方的每一成分的安全评估结果，可能存在的风险物质的风险评估，理化分析结果（见执行标准），微生物的检测结果（见报告），铅、汞、砷重金属的检测结果（见报告），可能存在的风险物质的检测结果或原料规格（见报告或原料规格），配方的稳定性测试（本产品通过公司内部稳定性测试，相关测试数据均保存归档，如有必要可供查阅），配方中各成分之间未预见会发生有害的相互作用（见附录）。在确认化妆品配方中各成分的安全性前提下，在确有必要时，可以通过对化妆品成品或类似产品进行的临床研究或售后不良反应监测等资料，在确认化妆品配方中各成分的安全性的基础上，进一步确证成品不会引起刺激性或皮肤变态反应。相关研究资料均保存归档，如有必要可供查阅。该产品在正常以及合理的、可预见的使用条件下，不会对人体健康产生危害。

六、证明性资料（略）

实例五 口红的风险评估

化妆品产品的安全评价报告

（样稿，仅供参考）

产品名称：XXX口红

产品配方号：……

评估单位：XXXXXXXXXXXX

评估人：XXX

评估日期：XXXX年XX月XX日

目录（另起一页）

一、安全评价摘要（略）

二、产品使用信息（表5-16）

1.产品名称

XXX口红。

2.产品配方号

XXXXXX。

3.产品使用方法

适度旋出涂抹。

4.使用注意事项

为防止折断，不要旋出过多。

5.产品类型

驻留。

6.产品应用部位

口唇。

7.产品每次用量

0.019g/d（JCIA暴露量评估指南）。

8.保留系数

100%产品配方表。

表5-16　XXX口红的产品配方

序号	INCI名称	中文名称	配合目的	配合量（%）
1	BARIUM SULFATE	硫酸钡	乳浊剂	4
2	CERESIN	纯地蜡	黏合剂	11.0
3	CHOLESTERYL MACADAMIATE	胆甾醇澳洲坚果油酸酯	皮肤调理剂	8.0
4	DIMETHICONE	聚二甲基硅氧烷	皮肤调理剂	0.1
5	DIISOSTEARYL MALATE	二异硬脂醇苹果酸酯	润肤剂	10
6	FRAGRANCE	（日用）香精	香料	0.01
7	GLYCINE SOJA（SOYBEAN）STEROLS	野大豆（GLYCINE SOJA）甾醇类	润肤剂	0.1
8	HEPTYLUNDECYL HYDROXYSTEARATE	庚基十一醇羟基硬脂酸酯	润肤剂	10
9	HYDROGENATED POLYISOBUTENE	氢化聚异丁烯	润肤剂	10
10	MICROCRYSTALLINE WAX	微晶蜡	黏合剂	3.0
11	SQUALANE	角鲨烷	皮肤调理剂	1.0
12	TRIETHYLHEXANOIN	甘油三（乙基己酸）酯	皮肤调理剂	34.74
13	MICA	云母	填充剂	1.0
14	RED7/CI 15850	CI 15850	色素	1.0
15	RED27/CI 45410	CI 45410	色素	0.05
16	YELLOW 5/CI 19140	CI 19140	色素	2.0
17	IRON OXIDES/CI 77491	CI 77491	色素	2.0
18	TITANIUM DIOXIDE/CI 77891	CI 77891	色素	2.0
合计				100.000

三、配方中各成分的安全性评价（表5-17）

1.关于对×××口红配方中各成分进行危害识别的相关毒理学终点的情况描述（略）。

2.关于对×××口红各成分的风险评估过程（略）。

3.×××口红各成分的交会性评价汇总见表5-17。

表5-17　XXX口红各成分的安全性评价

序号	标准中文名称	配合量（%）	安全性资料
1	硫酸钡	4	根据美国CIR的评估结论，该成分在可能偶然摄入产品中的配合浓度在0.04%~37%范围内是安全的。产品中的配合量在该范围内，因此不存在安全问题
2	纯地蜡	11.0	根据美国CIR的评估结论，该成分在唇膏类产品中的配合浓度在0.8%~20%范围内是安全的。产品中的配合量在该范围内，因此不存在安全问题
3	胆甾醇澳洲坚果油酸酯	8.0	该成分在100%配合浓度的条件下，通过了公司内部开展的急性经皮及眼刺激性试验。该成分在本公司产品中有着5年以上的使用历史，且其初始原料为澳洲坚果（macadamia nuts），因此判断食品来源的该成分，不存在经口摄入带来的全身毒性风险
4	聚二甲基硅氧烷	0.1	根据美国CIR的评估结论，该成分面用、颈用护肤（含剃须）类产品中的配合浓度在0.0001%~10%范围内是安全的。产品中的配合量在该范围内，因此不存在安全问题
5	二异硬脂醇苹果酸酯	10	根据美国CIR的评估结论，该成分在偶然可能摄入产品中的配合浓度在5%~82%范围内是安全的。产品中的配合量在该范围内，因此不存在安全问题
6	（日用）香精	0.01	按照IFRA规定进行添加，不存在安全问题
7	野大豆（GLYCINE SOJA）甾醇类	0.1	根据美国CIR的评估结论，该成分在可能偶然摄入产品中的配合浓度在0.1%~1%范围内是安全的。产品中的配合量在该范围内，因此不存在安全问题
8	庚基十一醇羟基硬脂酸酯	10	根据美国CIR的评估结论，该成分在可能偶然摄入产品中的配合浓度在不超过20%的情况下是安全的。产品中的配合量在该范围内，因此不存在安全问题

序号	标准中文名称	配合量（%）	安全性资料
9	氢化聚异丁烯	10	根据美国CIR的评估结论，该成分在可能偶然摄入产品中的配合浓度在0.29%~95%范围内是安全的。产品中的配合量在该范围内，因此不存在安全问题
10	微晶蜡	3.0	根据美国CIR的评估结论，该成分在唇膏类产品中的配合浓度在0.1%~25%范围内是安全的。产品中的配合量在该范围内，因此不存在安全问题
11	角鲨烷	1.0	根据美国CIR的评估结论，该成分在不超过97%配合浓度的情况下是安全的。产品中的配合量在该范围内，因此不存在安全问题
12	甘油三（乙基己酸）酯	34.74	该原料在本公司面用及口唇类产品中有着至少5年以上的使用历史，且配合浓度高于本产品，因此判断本产品是安全的
13	云母	1.0	含有该成分的原料在本公司口唇类产品中有着至少5年以上的使用历史，且配合浓度高于本产品，因此判断本产品是安全的
14	CI 15850	1.0	在中国、美国、欧盟及日本，均被允许使用于所有产品
15	CI 45410	0.05	在中国、美国、欧盟及日本，均被允许使用于所有产品
16	CI 19140	2.0	在中国、美国、欧盟及日本，均被允许使用于所有产品
17	CI 77491	2.0	在中国、美国、欧盟及日本，均被允许使用于所有产品
18	CI 77891	2.0	在中国、美国、欧盟及日本，均被允许使用于所有产品

四、产品中可能存在的安全性风险物质的安全性评估

根据《化妆品中可能存在的安全性风险物质风险评估指南》，我公司对本产品进行了评估。对化妆品原料带入，生产过程中产生或带入的风险物质进行了危害识别分析，不含风险物质的原料以"×"标识，且具体识别结果请参看表5-18。本产品中"铅、汞、砷、镉"的检测结果均符合国家要求，检测结果请参考申报资料中的检测报告。

经安全性风险物质风险评估，本产品不会对人体健康产生危害，是安全的。

表5-18　XXX口红中安全性风险物质危害识别

序号	标准中文名称	是否含有安全性风险物质	备注
1	硫酸钡	×	—
2	纯地蜡	×	—
3	胆甾醇澳洲坚果油酸酯	×	—
4	聚二甲基硅氧烷	×	—
5	二异硬脂醇苹果酸酯	×	—
6	（日用）香精	×	—
7	野大豆（GLYCINE SOJA）甾醇类	×	—
8	庚基十一醇羟基硬脂酸酯	×	—
9	氢化聚异丁烯	×	—
10	微晶蜡	×	—
11	角鲨烷	×	—
12	甘油三（乙基己酸）酯	×	—
13	云母	×	—
14	CI 15850	2-氨基-5-甲基苯磺酸钙盐，3-羟基-2-萘基羰酸钙盐，未磺化芳香伯胺	可能含有安全性风险的杂质，但原料质量规格证明符合《化妆品安全技术规范》的要求，即：2-氨基-5-甲基苯磺酸钙盐（2-Amino-5-methylbenzensulfonic acid, calcium salt）不超过0.2%；3-羟基-2-萘基羰酸钙盐（3-Hydroxy-2-naphthalene carboxylic acid, calcium salt）不超过0.4%；未磺化芳香伯胺不超过0.01%（以苯胺计）
15	CI 45410	2-（6-羟基-3-氧-3H-占吨-9-基）苯甲酸，2-（溴-6-羟基-3-氧-3H-占吨-9-基）苯甲酸	可能含有安全性风险的杂质，但原料质量规格证明符合《化妆品安全技术规范》的要求，即：2-（6-羟基-3-氧-3H-占吨-9-基）苯甲酸［2-（6-Hydroxy-3-oxo-3H-xanthen-9-yl）benzoic acid］不超过1%；2-（溴-6-羟基-3-氧-3H-占吨-9-基）苯甲酸［2-（Bromo-6-hydroxy-3-oxo-3H-xanthen-9-yl）benzoic acid］不超过2%

续表

序号	标准中文名称	是否含有安全性风险物质	备注
16	CI 19140	4-苯肼磺酸，4-氨基苯-1-磺酸，5-羰基-1-（4-磺苯基）-2-吡唑啉-3-羧酸，4,4′-二偶氮氨基二苯磺酸，四羟基丁二酸，未磺化芳香伯胺	可能含有安全性风险的杂质，但原料质量规格证明符合《化妆品安全技术规范》的要求，即：4-苯肼磺酸（4-Hydrazinobenzene sulfonic acid）、4-氨基苯-1-磺酸（4-Aminobenzene-1-sulfonic acid）、5-羰基-1-（4-磺苯基）-2-吡唑啉-3-羧酸 [5-Oxo-1-（4-sulfophenyl）-2-pyrazoline-3-carboxylic acid]、4,4′-二偶氮氨基二苯磺酸 [4,4′-Diazoaminodi（benzene sulfonic acid）] 和四羟基丁二酸（Tetrahydroxy succinic acid）总量不超过 0.5%；未磺化芳香伯胺不超过 0.01%（以苯胺计）
17	CI 77491	×	—
18	CI 77891	×	—

五、产品的理化稳定性评估结果

对中试产品进行了稳定性考察，试验结果表明，各种温度条件、冻融循环、光照试验、振摇条件下放置，产品结构、外观、颜色、气味、pH值、黏度等均未见明显改变。

六、产品的微生物学评估结果

经合规的第三方化妆品检测机构检验，产品的菌落总数，霉菌和酵母菌，粪大肠菌群、金黄色葡糖球菌、铜绿假单胞菌指标均符合《化妆品安全技术规范》（2015）规定的微生物学质量要求。

经本公司化妆品微生物研究室检测，中试产品的微生物挑战试验结果符合要求。

七、评估结论

对组成本产品的全部原料经安全性评价认为在配方中的应用是安全的；本产品无皮肤刺激性，有轻度眼刺激性；对本产品中的安全性风险物质进行了识别及风险评估，不会对人体健康造成危害；生产过程严格按照《化妆品生产许可工作规范》进行生产；产品在不同条件下的理化稳定性符合要求；产品的微生物指标符合法规要求，与内容物直接接触的包装容器的安全性测试合格。

本产品在正常、合理、可预见的使用条件下使用是安全的。

八、证明性资料

1.《已使用化妆品原料名称目录》（2015）。

2.《化妆品安全技术规范》（2015）。

3.THE SCCS'S NOTES OF GUIDANCE FOR THE TESTING OF COSMETIC SUBSTANCES AND THEIR SAFETY EVALUATION 9THREVISION（2015）。

4.CIR Report（Cosmetic Ingredient Review），http//www.cir–safety.org。

5. The National Industrial Chemicals Notification and Assessment Scheme（NICNAS），https：//www.nicnas.gov.au/。

6.日本《化妆品标准》（2000,日本厚生劳动省告示第331号）。

7.《化妆品安全评估相关指南》（2015）。

实例六　美白化妆水的风险评估

化妆品产品的安全评价报告

（样稿，仅供参考）

产品名称：XXX美白化妆水

产品配方号：……………

评估单位：XXXXX XXXXX

评估人：XXX

评估日期：XXXX年XX月XX日

目录（另起一页）

一、安全评价摘要（略）

二、产品使用信息（表5-19）

1.名称

美白化妆水。

2.产品配方号

XXXXXX。

3.产品使用方法

洗脸后，取1元硬币大小的量，置于棉片。用手指夹住棉片，使棉片与面部紧密贴合，小心涂抹至吸收。

4.使用注意事项

请勿放置于阳光直射处及高温处。请放置在婴幼儿接触不到的地方。使用后请盖紧瓶盖。

5.产品类型

驻留。

6.产品应用部位

面部。

7.产品每日使用量

2.99g/d（根据JCIA暴露量评估指南）。

8.保留系数

100%。

表5-19　XXX美白化妆水产品配方

序号	INCI名称	标准中文名称	配合目的	配合量（%）
1	ASCORBYL GLUCOSIDE	抗坏血酸葡糖苷	美白功效成分	2.0
2	BUTYLENE GLYCOL	丁二醇	溶剂	5.0
3	CITRIC ACID	柠檬酸	pH调节剂	0.02
4	FRAGRANCE	（日用）香精	芳香剂	0.01
5	GLYCERIN	甘油	保湿剂	5.0
6	PEG-60 HYDROGENATED CASTOR OIL	PEG-60氢化蓖麻油	增溶剂	0.5
7	PEG-75	聚乙二醇-75	保湿剂	3.0
8	PHENOXYETHANOL	苯氧乙醇	防腐剂	1.0
9	SODIUM CITRATE	枸橼酸钠	pH调节剂	0.08
10	SODIUM METAPHOSPHATE	偏磷酸钠	抗氧化剂	0.5

序号	INCI名称	标准中文名称	配合目的	配合量（%）
11	TOCOPHEROL	生育酚（维生素E）	抗氧化剂	0.01
12	XYLITOL	木糖醇	皮肤调理剂	5.0
13	WATER	水	溶剂	77.88
合计				100.000

三、配方中各成分的安全性评价

1.关于对×××美白化妆水各成分进行危害识别的相关毒理学终点的情况描述（略）。

2.关于对×××美白化妆水各成分的风险评估过程（略）。

3.×××美白化妆水各成分的安全性评价汇总见表5-20。

表5-20　XXX美白化妆水各成分的安全性评价

序号	标准中文名称	配合量（%）	安全性情报
1	抗坏血酸葡糖苷	2.0	评估信息如下 NICNAS Number: STD/1056 NICNAS Name: 2-O-α-D-glucopyranosyl-L-ascorbic acid Use: Cosmetics/Personal（使用目的=化妆品/个人护理品） NOHSC：ND（无害的） 该成分曾作为美白功效成分被许可。10%配合浓度下的急性经皮、眼刺激性、皮肤变态反应、皮肤光变态反应试验结果均显示轻刺激性或阴性；Ames试验、染色体畸变试验结果也显示阴性。此外，根据该成分的理化性质（分子量：338，水-辛醇浓度比系数：-2.34）判断其经皮吸收率较低，存在全身毒性风险的可能性不大
2	丁二醇	5.0	根据美国CIR的评估结论，该成分在面用、颈用护肤产品中的配合浓度在3%~7%范围内是安全的。产品中的配合量在该范围内，因此不存在安全问题
3	柠檬酸	0.02	根据美国CIR的评估结论，该成分在驻留类产品中的配合浓度在0.000 000 5%~4%范围内是安全。产品中的配合量在该范围内，因此不存在安全问题
4	（日用）香精	0.01	按照IFRA规定进行添加，不存在安全问题
5	甘油	5.0	根据美国CIR的评估结论，该成分在驻留类产品中的配合浓度在0.0001%~79.2%范围内是安全的。产品中的配合量在该范围内，因此不存在安全问题
6	PEG-60 氢化蓖麻油	0.5	根据美国CIR的评估结论，该成分在驻留类产品中的配合浓度在0.000 04%~18%范围内是安全的。产品中的配合量在该范围内，因此不存在安全问题

续表

序号	标准中文名称	配合量（%）	安全性情报
7	聚乙二醇-75	3.0	根据美国CIR的评估结论，该成分在面用、颈用霜、水、粉及喷雾产品中的配合浓度在0.4%~4%范围内是安全的。产品中的配合量在该范围内，因此不存在安全问题
8	苯氧乙醇	1.0	根据美国CIR的评估结论，该成分护肤产品中的配合浓度为0.004%~1%范围内是安全的。产品中的配合量在该范围内，因此不存在安全问题
9	枸橼酸钠	0.08	根据美国CIR的评估结论，该成分在驻留类产品中的配合浓度0.000 005%~10%范围内是安全的。产品中的配合量在该范围内，因此不存在安全问题
10	偏磷酸钠	0.5	根据美国CIR的评估结论，该成分在驻留类产品中的配合浓度在0.01%~9.6%范围内是安全的。产品中的配合量在该范围内，因此不存在安全问题
11	生育酚（维生素E）	0.01	根据美国CIR的评估结论，该成分驻留类产品中的配合浓度为0.000 003%~5.4%范围内是安全的。产品中的配合量在该范围内，因此不存在安全问题
12	木糖醇	5.0	评估信息如下 仅在RTECS®中有LD_{50}：16 500mg/kg的数据显示 皮肤刺激性：在10%浓度下开展的人体斑贴试验结果的阳性率为0%，因此判定无皮肤刺激性 眼刺激性：BCOP法中IVIS≤3，因此判定为无刺激性 皮肤变态反应：RIPT为阴性，因此判定没有问题 遗传毒性：Ames试验、染色体异常试验结果均为阴性 此外，根据其物理性质（分子量为152.17，水-辛醇浓度比系数为-2.65）判断其经皮吸收率较低，存在全身毒性风险的可能性不大
13	水	77.88	十分常用的化妆品成分，故省略其安全风险评估

四、产品中可能存在的安全性风险物质的安全性评估

根据《化妆品中可能存在的安全性风险物质风险评估指南》，我公司对本产品进行了评估。对化妆品原料带入，生产过程中产生或带入的风险物质进行了危害识别分析，不含风险物质的原料以"×"标识，且具体识别结果请参看表5-21。本产品中"铅、汞、砷、镉"的检测结果均符合国家要求，检测结果请参考申报资料中的检测报告。

经安全性风险物质风险评估，本产品不会对人体健康产生危害，是安全的。

表5-21　XXX美白化妆水中安全性风险物质危害识别

序号	中文名称	是否含有安全性风险物质	备注
1	抗坏血酸葡糖苷	×	—
2	丁二醇	×	—
3	柠檬酸	×	—
4	（日用）香精	×	—
5	甘油	DEG	低于0.1%，原料规格保证 产品暴露量计算，根据日本化妆品工业联合会建议的产品使用量（化妆水：2.99g/d、乳液：1.46g/d），乘以配合浓度：5%。而按照规格最大值0.1%计算的DEG全身暴露量为：0.0037mg/（kg·d）。二甘醇根据EU Scientific Committee on Food（SCF）的评估结论的日耐受剂量（TDI）为0.5mg/（kg·d），因此判定是安全的
6	PEG-60 氢化蓖麻油	DEG	低于0.1%，原料规格保证 产品暴露量计算，根据日本化妆品工业联合会建议的产品使用量（化妆水：2.99g/d、乳液：1.46g/d），乘以配合浓度：5%。而按照规格最大值0.1%计算的DEG全身暴露量为：0.0037mg/（kg·d）。二甘醇根据SCF的评估结论的TDI为0.5mg/（kg·d），因此判定是安全的
		二噁烷	低于2.5ppm，企业内部确认——化妆品安全技术规范限度内
7	聚乙二醇-75	环氧乙烷	低于200ppm，企业内部确认 产品暴露量计算，根据日本化妆品工业联合会建议的产品使用量（化妆水：2.99g/d、乳液：1.46g/d），乘以配合浓度：3%。而按照规格最大值200ppm计算的环氧乙烷的全身暴露量为：0.00045mg/（kg·d）。环氧乙烷的摄入限值为2.4mg/（kg·d）*，因此判定是安全的 *：有报告证明环氧乙烷的NOAEL值，大鼠约2年吸入暴露试验的结果为10ppm，NOAEL换算值如下：NOAEL = 18.3mg/m³ × 0.26m³/d × 6h/24h × 5d/7d × 1.0（吸收率）/0.35kg = 2.4mg/（kg·d）
		DEG	低于0.1%，原料规格保证 产品暴露量计算，根据日本化妆品工业联合会建议的产品使用量（化妆水：2.99g/d、乳液：1.46g/d），乘以配合浓度：5%。而按照规格最大值0.1%计算的DEG全身暴露量为：0.0037mg/（kg·d）。二甘醇根据SCF的评估结论的TDI为0.5mg/（kg·d），因此判定是安全的
		二噁烷	低于2ppm，企业内部确认——化妆品安全技术规范限度内

续表

序号	中文名称	是否含有安全性风险物质	备注
8	苯氧乙醇	二噁烷 苯酚	低于2ppm，企业内部确认——化妆品安全技术规范限度内 符合《医药部外品原料规格》
9	枸橼酸钠	×	—
10	偏磷酸钠	×	—
11	生育酚（维生素E）	×	—
12	木糖醇	×	—
13	水	×	—

五、产品的理化稳定性评估结果

对中试产品进行了稳定性考察，试验结果表明，各种温度条件、冻融循环、光照试验、振摇条件下放置，产品结构、外观、颜色、气味、pH值、黏度等均未见明显改变。

六、产品的微生物学评估结果

经合规的第三方化妆品检测机构检验，产品的菌落总数，霉菌和酵母菌，粪大肠菌群、金黄色葡糖球菌、铜绿假单胞菌指标均符合《化妆品安全技术规范》（2015）规定的微生物学质量要求。

经本公司化妆品微生物研究室检测，中试产品的微生物挑战试验结果符合要求。

七、评估结论

对组成本产品的全部原料经安全性评价认为在配方中的应用是安全的；本产品无皮肤刺激性，有轻度眼刺激性；对本产品中的安全性风险物质进行了识别及风险评估，不会对人体健康造成危害；生产过程严格按照《化妆品生产许可工作规范》进行生产；产品在不同条件下的理化稳定性符合要求；产品的微生物指标符合法规要求，与内容物直接接触的包装容器的安全性测试合格。

本产品在正常、合理、可预见的使用条件下使用是安全的。

八、证明性资料

1.《已使用化妆品原料名称目录》（2015）。

2.《化妆品安全技术规范》（2015）。

3. THE SCCS'S NOTES OF GUIDANCE FOR THE TESTING OF COSMETIC SUBSTANCES AND THEIR SAFETY EVALUATION 9THREVISION（2015）。

4. CIR Report（Cosmetic Ingredient Review），http//www.cir–safety.org。

5. The National Industrial Chemicals Notification and Assessment Scheme（NICNAS），https：//www.nicnas.gov.au/。

6.日本《化妆品标准》（2000,日本厚生劳动省告示第331号）。

7.《化妆品安全评估相关指南》（2015）。

实例七　美白乳液的风险评估

化妆品产品的安全评价报告

（样稿，仅供参考）

产品名称：XXX美容乳液

产品配方号：……

评估单位：XXXXX XXXXX

评估人：XXX

评估日期：XXXX年XX月XX日

目录（另起一页）

一、安全评价摘要（略）

二、产品使用信息

1.产品名称

XXX美白乳液。

2.产品配方号

XXXXXX。

3.产品使用方法

洗脸后，取1元硬币大小的量，置于棉片，用手指夹住棉片，使棉片与面部皮肤紧密贴合并小心涂抹。

4.使用注意事项

请勿放置于阳光直射处及高温处。请放置在婴幼儿接触不到的地方。使用后请盖紧瓶盖。

5.产品类型

驻留。

6.产品应用部位

面部。

7.产品每日使用量

1.46g/d（JCIA暴露量评价指南）。

8.保留系数

100%。

表5-22　XXX美白乳液的产品配方

序号	INCI名称	中文名称	配合目的	配合量（%）
1	ASCORBYL GLUCOSIDE	抗坏血酸葡糖苷	美白功效成分	2.0
2	BATYL ALCOHOL	鲨肝醇	皮肤调理剂	0.5
3	BEHENYL ALCOHOL	山嵛醇	乳化稳定剂	1.0
4	BUTYLENE GLYCOL	丁二醇	溶剂	5.0
5	CARBOMER	卡波姆	增稠剂	0.1
6	DIMETHICONE	聚二甲硅氧烷	皮肤调理剂	2.0
7	FRAGRANCE	（日用）香精	香料	0.01
8	GLYCERIN	甘油	保湿剂	5.0
9	HYDROGENATED PALM OIL	氢化棕榈油	皮肤调理剂	5.0
10	PEG-5 GLYCERYL STEARATE	PEG-5甘油硬脂酸酯	乳化剂	1.0
11	PEG-60 GLYCERYL ISOSTEARATE	PEG-60甘油异硬脂酸酯	乳化剂	1.0
12	PENTAERYTHRITYL TETRAETHYLHEXANOATE	季戊四醇四（乙基己酸）酯	皮肤调理剂	2.0
13	PHENOXYETHANOL	苯氧乙醇	防腐剂	1.0
14	POTASSIUM HYDROXIDE	氢氧化钾	pH调节剂	0.5
15	TOCOPHEROL	生育酚（维生素E）	抗氧化剂	0.01
16	WATER	水	溶剂	73.88
合计				100

三、配方中各成分的安全性评价（表5-23）

1.关于对×××美白乳液各成分进行危害识别的相关毒理学终点的情况描述（略）。

2.关于对×××美白乳液各成分的风险评估过程（略）。

3.×××美白乳液各成分的安全性评价汇总见表5-23。

表5-23　XXX美白乳液各成分的安全性评价

序号	标准中文名称	配合量（%）	安全性情报
1	乙醇	3.0	该成分作为化妆品原料极为常用，因此在3%的配比条件下安全风险极低。从浸渍面膜的使用条件来看，可能会因封闭效果而加大乙醇的刺激性，造成皮肤发红或刺痛感，但配合量在3%以下的本公司产品大量存在，因此判断，在该使用条件下的安全风险极低
2	丁二醇	5.0	根据美国CIR的评估结论，该成分在面用、颈用护肤产品中的配合浓度在3%~7%范围内是安全的。产品中的配合量在该范围内，因此不存在安全问题
3	卡波姆	0.1	根据美国CIR的评估结论，该成分在面用、颈用护肤产品中的配合浓度在0.1%~1%范围内是安全的。产品中的配合量在该范围内，因此不存在安全问题
4	柠檬酸	0.05	根据美国CIR的评估结论，该成分在驻留类产品中的配合浓度在0.000 000 5%~4%范围内是安全。产品中的配合量在该范围内，因此不存在安全问题
5	双丙甘醇	5.0	根据美国CIR的评估结论，该成分在护肤产品中的配合浓度在0.01%~12%范围内是安全的。产品中的配合量在该范围内，因此不存在安全问题
6	乙二胺四乙酸	0.02	根据美国CIR的评估结论，该成分在保湿类产品中的配合浓度不超过0.1%的情况下是安全的。产品中的配合量在该范围内，因此不存在安全问题
7	（日用）香精	0.01	按照IFRA规定进行添加，不存在安全问题。
8	甘油	8.0	根据美国CIR的评估结论，该成分在驻留类产品中的配合浓度在0.0001%~79.2%范围内是安全的。产品中的配合量在该范围内，因此不存在安全问题
9	甲基葡糖醇聚醚-10	2.0	根据美国CIR的评估结论，该成分在驻留类产品中的配合浓度在0.02%~15%范围内是安全的。产品中的配合量在该范围内，因此不存在安全问题

续表

序号	标准中文名称	配合量(%)	安全性情报
10	PEG-60 氢化蓖麻油	0.2	根据美国CIR的评估结论，该成分在驻留类产品中的配合浓度在0.000 04%~18%范围内是安全的。产品中的配合量在该范围内，因此不存在安全问题
11	苯氧乙醇	1.0	根据美国CIR的评估结论，该成分护肤产品中的配合浓度在0.004%~1%范围内是安全的。产品中的配合量在该范围内，因此不存在安全问题
12	聚甘油-2 二异硬脂酸酯	0.2	根据美国CIR的评估结论，该成分在驻留类产品中的配合浓度在0.1%~18.8%范围内是安全的。产品中的配合量在该范围内，因此不存在安全问题
13	氢氧化钾	0.03	根据美国CIR的评估结论，该成分在驻留类产品中的配合浓度在0.000 004 9%~7%范围内是安全的。产品中的配合量在该范围内，因此不存在安全问题
14	枸橼酸钠	0.05	根据美国CIR的评估结论，该成分在驻留类产品中的配合浓度0.000 005%~10%范围内是安全的。产品中的配合量在该范围内，因此不存在安全问题
15	透明质酸钠	0.01	根据美国CIR的评估结论，该成分的配合浓度在不超过2%的情况下是安全的。产品中的配合量在该范围内，因此不存在安全问题
16	角鲨烷	1.0	根据美国CIR的评估结论，该成分在不超过97%配合浓度的情况下是安全的。产品中的配合量在该范围内，因此不存在安全问题
17	甘油三(乙基己酸)酯	0.2	该原料在本公司面用及口唇类产品中有着至少5年以上的使用历史，且配合浓度高于本产品，因此判断本产品是安全的
18	水	74.03	十分常用的化妆品成分，故省略其安全风险评估
19	黄原胶	0.1	根据美国CIR的评估结论，该成分在驻留类产品中的配合浓度0.01%~6%范围内是安全的。产品中的配合量在该范围内，因此不存在安全问题

四、产品中可能存在的安全性风险物质的安全性评估

根据《化妆品中可能存在的安全性风险物质风险评估指南》，我公司对本产品进行了评估。对化妆品原料带入，生产过程中产生或带入的风险物质进行了危害识别分析，不含风险物质的原料以"×"标识，且具体识别结果请参看表

5-24。本产品中"铅、汞、砷、镉"的检测结果均符合国家要求，检测结果请参考申报资料中的检测报告。

经安全性风险物质风险评估，本产品不会对人体健康产生危害，是安全的。

表5-24　XXX美白乳液中安全性风险物质危害识别

序号	标准中文名称	是否含有安全性风险物质	备注
1	抗坏血酸葡糖苷	×	—
2	鲨肝醇	×	—
3	山嵛醇	×	—
4	丁二醇	DEG	低于0.1%，原料规格保证 产品暴露量计算，根据日本化妆品工业联合会建议的产品使用量（化妆水：2.99g/d，乳液：1.46g/d），乘以配合浓度：5%。而按照规格最大值0.1%计算的DEG全身暴露量为：0.0037mg/（kg·d）。二甘醇根据EU Scientific Committee on Food（SCF）的评估结论的日耐受剂量（TDI）为0.5mg/（kg·d），因此判定是安全的
		二噁烷	低于30ppm，原料规格保证——化妆品安全技术规范限度内
5	卡波姆	×	—
6	聚二甲基硅氧烷	×	—
7	（日用）香精	×	—
8	甘油	DEG	低于0.1%，原料规格保证 产品暴露量计算，根据日本化妆品工业联合会建议的产品使用量（化妆水：2.99g/d，乳液：1.46g/d），乘以配合浓度：5%。而按照规格最大值0.1%计算的DEG全身暴露量为：0.0037mg/（kg·d）。二甘醇根据SCF的评估结论的TDI为0.5mg/（kg·d），因此判定是安全的
9	氢化棕榈油	×	—
10	PEG-5甘油硬脂酸酯	DEG	低于0.1%，原料规格保证 产品暴露量计算，根据日本化妆品工业联合会建议的产品使用量（化妆水：2.99g/d，乳液：1.46g/d），乘以配合浓度：5%。而按照规格最大值0.1%计算的DEG全身暴露量为：0.0037mg/（kg·d）。二甘醇根据SCF的评估结论的TDI为0.5mg/（kg·d），因此判定是安全的
		二噁烷	低于30ppm，企业内部确认——化妆品安全技术规范限度内

续表

序号	标准中文名称	是否含有安全性风险物质	备注
11	PEG-60 甘油异硬脂酸酯	DEG	低于0.1%，原料规格保证 产品暴露量计算，根据日本化妆品工业联合会建议的产品使用量（化妆水：2.99g/d、乳液：1.46g/d），乘以配合浓度：5%。而按照规格最大值0.1%计算的DEG全身暴露量为：0.0037mg/（kg·d）。二甘醇根据SCF的评估结论的TDI为0.5mg/（kg·d），因此判定是安全的
		二噁烷	低于2ppm，企业内部确认——化妆品安全技术规范限度内
12	季戊四醇四（乙基己酸）酯	×	—
13	苯氧乙醇	苯酚	符合《医药部外品原料规格》
		二噁烷	低于2ppm，企业内部确认——化妆品安全技术规范限度内
14	氢氧化钾	×	—
15	生育酚（维生素E）	×	—
16	水	×	—

五、产品的理化稳定性评估结果

对中试产品进行了稳定性考察，试验结果表明，各种温度条件、冻融循环、光照试验、振摇条件下放置，产品结构、外观、颜色、气味、pH值、黏度等均未见明显改变。

六、产品的微生物学评估结果

经合规的第三方化妆品检测机构检验，产品的菌落总数，霉菌和酵母菌，粪大肠菌群、金黄色葡糖球菌、铜绿假单胞菌指标均符合《化妆品安全技术规范》（2015）规定的微生物学质量要求。

经本公司化妆品微生物研究室检测，中试产品的微生物挑战试验结果符合要求。

七、评估结论

对组成本产品的全部原料经安全性评价认为在配方中的应用是安全的；本产品无皮肤刺激性，有轻度眼刺激性；对本产品中的安全性风险物质进行了识别及风险评估，不会对人体健康造成危害；生产过程严格按照《化妆品生产许可工作规范》进行生产；产品在不同条件下的理化稳定性符合要求；产品的微生物指标符合法规要求，与内容物直接接触的包装容器的安全性测试合格。

本产品在正常、合理可预见的使用条件下使用是安全的。

八、证明性资料

1.《已使用化妆品原料名称目录》（2015）。

2.《化妆品安全技术规范》（2015）。

3. THE SCCS'S NOTES OF GUIDANCE FOR THE TESTING OF COSMETIC SUBSTANCES AND THEIR SAFETY EVALUATION 9THREVISION（2015）。

4. CIR Report（Cosmetic Ingredient Review），http//www.cir-safety.org。

5. The National Industrial Chemicals Notification and Assessment Scheme（NICNAS），https：//www.nicnas.gov.au/。

6.日本《化妆品标准》（2000，日本厚生劳动省告示第331号）。

7.《化妆品安全评估相关指南》（2015）。

实例八　面膜的风险评估

化妆品产品的安全评价报告

（样稿，仅供参考）

产品名称：XXX浸润面膜

产品配方号：……

评估单位：XXXXX XXXXX

评估人：XXX

评估日期：XXXX年XX月XX日

目录（另起一页）

一、安全评价摘要（略）

二、产品使用信息（表5-25）

1.产品名称

XXX浸润面膜。

2.产品配方号

XXXXXX。

3.产品使用方法

贴敷面部使用。

4.使用注意事项

拆封请立即使用，每张面膜仅使用一次。请勿接触眼睛，如果不慎入眼，请立即用清水冲洗。避免在阳光直射处和高温处存放。如果肌肤感觉刺激，请停止使用。

5.产品类型

驻留。

6.产品应用部位

面部。

7.产品每次用量

7.19g（JCIA暴露量评估指南）。

8.保留系数

100%。

表5-25　XXX浸润面膜的产品配方

序号	INCI名称	中文名称	配合目的	配合量（%）
1	ALCOHOL	乙醇	溶剂	3.0
2	BUTYLENE GLYCOL	丁二醇	溶剂	5.0
3	CARBOMER	卡波姆	增稠剂	0.1
4	CITRIC ACID	柠檬酸	pH调节剂	0.05
5	DIPROPYLENE GLYCOL	双丙甘醇	溶剂	5.0
6	EDTA	乙二胺四乙酸	螯合剂	0.02
7	FRAGRANCE	（日用）香精	香料	0.01
8	GLYCERIN	甘油	保湿剂	8.0
9	METHYL GLUCETH-10	甲基葡糖醇聚醚-10	保湿剂	2.0

序号	INCI 名称	中文名称	配合目的	配合量（%）
10	PEG-60 HYDROGENATED CASTOR OIL	PEG-60 氢化蓖麻油	乳化剂	0.2
11	PHENOXYETHANOL	苯氧乙醇	防腐剂	1.0
12	POLYGLYCERYL-2 DIISOSTEARATE	聚甘油-2 二异硬脂酸酯	润肤剂	0.2
13	POTASSIUM HYDROXIDE	氢氧化钾	pH 调节剂	0.03
14	SODIUM CITRATE	枸橼酸钠	pH 调节剂	0.05
15	SODIUM HYALURONATE	透明质酸钠	皮肤调理剂	0.01
16	SQUALANE	角鲨烷	皮肤调理剂	1.0
17	TRIETHYLHEXANOIN	甘油三（乙基己酸）酯	皮肤调理剂	0.2
18	WATER	水	溶剂	74.03
19	XANTHAN GUM	黄原胶	增稠剂	0.1
合计				100.000

三、配方中各成分的安全性评价（表5-26）

1.关于对 ×××浸润面膜各成分进行危害识别的相关毒理学终点的情况描述（略）。

2.关于对 ×××浸润面膜各成分的风险评估过程（略）。

3.×××浸润面膜各成分的安全性评价汇总见表5-26。

表5-26　×××浸润面膜各成分的安全性评价

序号	标准中文名称	配合量（%）	安全性情报
1	乙醇	3.0	该成分作为化妆品原料极为常用，因此在3%的配比条件下安全风险极低。从浸渍面膜的使用条件来看，可能会因封闭效果而加大乙醇的刺激性，造成皮肤发红或刺痛感，但配合量在3%以下的本公司产品大量存在，因此判断，在该使用条件下的安全风险极低
2	丁二醇	5.0	根据美国CIR的评估结论，该成分在面用、颈用护肤产品中的配合浓度在3%~7%范围内是安全的。产品中的配合量在该范围内，因此不存在安全问题

续表

序号	标准中文名称	配合量（%）	安全性情报
3	卡波姆	0.1	根据美国CIR的评估结论，该成分在面用、颈用护肤产品中的配合浓度在0.1%~1%范围内是安全的。产品中的配合量在该范围内，因此不存在安全问题
4	柠檬酸	0.05	根据美国CIR的评估结论，该成分在驻留类产品中的配合浓度在0.000 000 5%~4%范围内是安全。产品中的配合量在该范围内，因此不存在安全问题
5	双丙甘醇	5.0	根据美国CIR的评估结论，该成分在护肤产品中的配合浓度在0.01%~12%范围内是安全的。产品中的配合量在该范围内，因此不存在安全问题
6	乙二胺四乙酸	0.02	根据美国CIR的评估结论，该成分在保湿类产品中的配合浓度不超过0.1%的情况下是安全的。产品中的配合量在该范围内，因此不存在安全问题
7	（日用）香精	0.01	按照IFRA规定进行添加，不存在安全问题
8	甘油	8.0	根据美国CIR的评估结论，该成分在驻留类产品中的配合浓度在0.0001%~79.2%范围内是安全的。产品中的配合量在该范围内，因此不存在安全问题
9	甲基葡糖醇聚醚-10	2.0	根据美国CIR的评估结论，该成分在驻留类产品中的配合浓度在0.02%~15%范围内是安全的。产品中的配合量在该范围内，因此不存在安全问题
10	PEG-60氢化蓖麻油	0.2	根据美国CIR的评估结论，该成分在驻留类产品中的配合浓度在0.000 04%~18%范围内是安全的。产品中的配合量在该范围内，因此不存在安全问题
11	苯氧乙醇	1.0	根据美国CIR的评估结论，该成分护肤产品中的配合浓度在0.004%~1%范围内是安全的。产品中的配合量在该范围内，因此不存在安全问题
12	聚甘油-2 二异硬脂酸酯	0.2	根据美国CIR的评估结论，该成分在驻留类产品中的配合浓度在0.1%~18.8%范围内是安全的。产品中的配合量在该范围内，因此不存在安全问题
13	氢氧化钾	0.03	根据美国CIR的评估结论，该成分在驻留类产品中的配合浓度在0.000 004 9%~7 %范围内是安全的。产品中的配合量在该范围内，因此不存在安全问题

续表

序号	标准中文名称	配合量（%）	安全性情报
14	枸橼酸钠	0.05	根据美国CIR的评估结论，该成分在驻留类产品中的配合浓度0.000 005%~10%范围内是安全的。产品中的配合量在该范围内，因此不存在安全问题
15	透明质酸钠	0.01	根据美国CIR的评估结论，该成分的配合浓度在不超过2%的情况下是安全的。产品中的配合量在该范围内，因此不存在安全问题
16	角鲨烷	1.0	根据美国CIR的评估结论，该成分在不超过97%配合浓度的情况下是安全的。产品中的配合量在该范围内，因此不存在安全问题
17	甘油三（乙基己酸）酯	0.2	该原料在本公司面用及口唇类产品中有着至少5年以上的使用历史，且配合浓度高于本产品，因此判断本产品是安全的
18	水	74.03	十分常用的化妆品成分，故省略其安全风险评估
19	黄原胶	0.1	根据美国CIR的评估结论，该成分在驻留类产品中的配合浓度0.01%~6%范围内是安全的。产品中的配合量在该范围内，因此不存在安全问题

四、产品中可能存在的安全性风险物质的安全性评估

根据《化妆品中可能存在的安全性风险物质风险评估指南》，我公司对本产品进行了评估。对化妆品原料带入，生产过程中产生或带入的风险物质进行了危害识别分析，不含风险物质的原料以"×"标识，且具体识别结果请参看表5-27。本产品中"铅、汞、砷、镉"的检测结果均符合国家要求，检测结果请参考申报资料中的检测报告。

经安全性风险物质风险评估，本产品不会对人体健康产生危害，是安全的。

表5-27　XXX浸润面膜中安全性风险物质危害识别

序号	标准中文名称	是否含有安全性风险物质	备注
1	乙醇	甲醇	原料符合日本《医药部外品原料规格》要求，甲醇小于100mg/kg
2	丁二醇	×	—
3	卡波姆	×	—

续表

序号	标准中文名称	是否含有安全性风险物质	备注
4	柠檬酸	×	—
5	双丙甘醇	×	—
6	乙二胺四乙酸	×	—
7	（日用）香精	×	—
8	甘油	DEG	低于0.1%，原料规格保证 产品暴露量计算，根据日本化妆品工业联合会建议的产品使用量（化妆水：2.99g/d、乳液：1.46g/d），乘以配合浓度：5%。而按照规格最大值0.1%计算的DEG全身暴露为：0.0037mg/（kg·d）。二甘醇根据EU Scientific Committee on Food（SCF）的评估结论的日耐受剂量（TDI）为0.5mg/（kg·d），因此判定是安全的
9	甲基葡糖醇聚醚-10	×	—
10	PEG-60 氢化蓖麻油	DEG 二噁烷	低于0.1%，原料规格保证 产品暴露量计算，根据日本化妆品工业联合会建议的产品使用量（化妆水：2.99g/d、乳液：1.46g/d），乘以配合浓度：5%。而按照规格最大值0.1%计算的DEG全身暴露为：0.0037mg/（kg·d）。二甘醇根据SCF的评估结论的TDI为0.5mg/（kg·d），因此判定是安全的 低于2.5ppm，企业内部确认——化妆品安全技术规范限度内
11	苯氧乙醇	二噁烷 苯酚	低于2ppm，企业内部确认——化妆品安全技术规范限度内 符合《医药部外品原料规格》
12	聚甘油-2 二异硬脂酸酯	×	—
13	氢氧化钾	×	—
14	枸橼酸钠	×	—
15	透明质酸钠	×	—
16	角鲨烷	×	—
17	甘油三（乙基己酸）酯	×	—
18	水	×	—
19	黄原胶	×	—

五、产品的理化稳定性评估结果

对中试产品进行了稳定性考察，试验结果表明，各种温度条件、冻融循环、光照试验、振摇条件下放置，产品结构、外观、颜色、气味、pH值、黏度等均未见明显改变。

六、产品的微生物学评估结果

经合规的第三方化妆品检测机构检验，产品的菌落总数，霉菌和酵母菌，粪大肠菌群、金黄色葡糖球菌、铜绿假单胞菌指标均符合《化妆品安全技术规范》（2015）规定的微生物学质量要求。

经本公司化妆品微生物研究室检测，中试产品的微生物挑战试验结果符合要求。

七、评估结论

对组成本产品的全部原料经安全性评价认为在配方中的应用是安全的；本产品无皮肤刺激性，有轻度眼刺激性；对本产品中的安全性风险物质进行了识别及风险评估，不会对人体健康造成危害；生产过程严格按照《化妆品生产许可工作规范》进行生产；产品在不同条件下的理化稳定性符合要求；产品的微生物指标符合法规要求，与内容物直接接触的包装容器的安全性测试合格。

本产品在正常、合理、可预见的使用条件下使用是安全的。

八、证明性资料

1.《已使用化妆品原料名称目录》（2015）。

2.《化妆品安全技术规范》（2015）。

3. THE SCCS'S NOTES OF GUIDANCE FOR THE TESTING OF COSMETIC SUBSTANCES AND THEIR SAFETY EVALUATION 9THREVISION（2015）。

4. CIR Report（Cosmetic Ingredient Review），http//www.cir-safety.org。

5. The National Industrial Chemicals Notification and Assessment Scheme（NICNAS），https：//www.nicnas.gov.au/。

6.日本《化妆品标准》（2000,日本厚生劳动省告示第331号）。

7.《化妆品安全评估相关指南》（2015）。

实例九　防晒喷雾的风险评估

化妆品产品的安全评价报告

（样稿，仅供参考）

产品名称：XXX防晒喷雾SPF20
产品配方号：XXXXXXXXX
评估单位：某实验室化妆品安全评估部
评估人：XXXXXXXXX
评估日期：XXXX年XX月XX日

目录（另起一页）

一、安全评价摘要

经评估本报告所提供的产品及原料信息后，产品HYK防晒喷雾SPF20在现有安全评估知识的基础上被认为是安全的。如果本产品上市后收到不良反应报告，则应采用适当的方法对本产品重新评估。此外，如果本产品中所含的一种或多种原料有新的毒理学数据或信息，也应对本产品重新评估。

二、产品特性描述

1.产品名称

XXX防晒喷雾SPF20。

2.产品配方（应包含各原料使用目的）（表5-28）。

表5-28　XXX防晒喷雾SPF20的产品配方

序号	标准中文名称	INCI名	原料含量（%）	复配百分比（%）	实际成分含量（%）	使用目的
1	水	AQUA	51.5	100	51.5	溶剂
2	胡莫柳酯	HOMOSALATE	10	100	10	防晒剂

续表

序号	标准中文名称	INCI名	原料含量（%）	复配百分比（%）	实际成分含量（%）	使用目的
3	琥珀酸二乙基己酯	DIETHYLHEXYL SUCCINATE	8	100	8	润肤剂
4	C_{12-15} 醇苯甲酸酯	C_{12-15} ALKYL BENZOATE	5	100	5	润肤剂
5	丁二醇	BUTYLENE GLYCOL	5	100	5	溶剂
6	丁基辛醇水杨酸酯	BUTYLOCTYL SALICYLATE	5	100	5	皮肤调理剂
7	聚酯-7	POLYESTER-7	3	60	1.8	皮肤调理剂
	新戊二醇二庚酸酯	NEOPENTYL GLYCOL DIHEPTANOATE		40	1.2	
8	丁基甲氧基二苯甲酰基甲烷	BUTYL METHOXYDIBENZOYLMETHANE	3	100	3	防晒剂
9	奥克立林	OCTOCRYLENE	2.7	100	2.7	防晒剂
10	月桂基葡糖苷	LAURYL GLUCOSIDE	2	28	0.56	表面活性剂
	聚甘油-2 二聚羟基硬脂酸酯	POLYGLYCERYL-2 DIPOLYHYDROXYSTEARATE		25	0.5	
	水	AQUA		25	0.5	
	甘油	GLYCERIN		21.5	0.43	
	柠檬酸	CITRIC ACID		0.5	0.01	
11	库拉索芦荟叶汁	ALOE BARBADENSIS LEAF JUICE	1	99.7	0.997	皮肤调理剂
	苯甲酸钠	SODIUM BENZOATE		0.1	0.001	
	柠檬酸	CITRIC ACID		0.1	0.001	
	山梨酸钾	POTASSIUM SORBATE		0.1	0.001	
12	鲸蜡醇磷酸酯钾	POTASSIUM CETYL PHOSPHATE	1	100	1	乳化剂
13	苯氧乙醇	PHENOXYETHANOL	0.8	100	0.8	防腐剂

续表

序号	标准中文名称	INCI名	原料含量（%）	复配百分比（%）	实际成分含量（%）	使用目的
14	微晶纤维素	MICROCRYSTALLINE CELLULOSE	0.5	88	0.44	增稠剂
	纤维素胶	CELLULOSE GUM		12	0.06	
15	丙烯酰二甲基牛磺酸铵/VP 共聚物	AMMONIUM ACRYLOYLDIMETHYLTAURATE/VP COPOLYMER	0.5	100	0.5	增稠剂
16	香精	PARFUM	0.5	100	0.5	芳香剂
17	EDTA 二钠	DISODIUM EDTA	0.2	100	0.2	螯合剂
18	生育酚乙酸酯	TOCOPHERYL ACETATE	0.2	100	0.2	皮肤调理剂
19	山梨酸钾	POTASSIUM SORBATE	0.1	100	0.1	防腐剂

3.各原料理化信息

详见各原料供应商提供的原料规格书。

4.可能存在的风险物质信息

本产品的理化特性、微生物指标及配方中各原料的含量及纯度完全符合《化妆品安全技术规范》中的各项要求。产品中不存在纳米级颗粒；产品中不含有致癌、致畸、致突变的物质；产品中不含有植物提取物；该原料可能含有农药残留，本产品评估时对该原料进行了43种农药残留检测，结果未检出农药残留；产品中不含有牛、羊等疯牛病（BSE）相关原料。

产品中添加及原料带入的防腐剂情况见表5-29。

表5-29　XXX防晒喷雾SPF20中的防腐剂情况

序号	标准中文名称	INCI名	实际总含量（%）
1	苯氧乙醇	PHENOXYETHANOL	0.8
2	山梨酸钾	POTASSIUM SORBATE	0.101
3	苯甲酸钠	SODIUM BENZOATE	0.001

上述防腐剂均为化妆品中允许使用的防腐剂，各防腐剂实际总含量均符合《化妆品安全技术规范》表4中的要求。其中苯氧乙醇通常由苯酚和环氧乙烷制

得，原料中可能含有苯酚和1,4-二噁烷残留。本产品评估时对该原料进行了苯酚及1,4-二噁烷的检测，结果未检出前述物质残留。

产品中防晒剂使用情况见表5-30。

表5-30　XXX防晒喷雾SPF20中的防晒剂使用情况

序号	标准中文名称	INCI名	实际总含量（%）
1	胡莫柳酯	HOMOSALATE	10
2	丁基甲氧基二苯甲酰基甲烷	BUTYL METHOXYDIBENZOYLMETHANE	3
3	奥克立林	OCTOCRYLENE	2.7

上述防晒剂均为化妆品中允许使用的防晒剂，各防晒剂实际总含量均符合《化妆品安全技术规范》（表5）中的要求。

5.使用方法

在日晒15分钟前，摇一摇，并均匀喷涂于将要暴晒的肌肤。至少每2小时重新喷涂一次，尤其在游泳后。

6.使用目的或功效

日常防晒。

7.使用量

三、化妆品各原料或风险物质的风险评估过程

1.危害识别

详见各原料的评估报告。

2.剂量-反应关系评估

本产品的评估中应用了SCCS指南［SCCS注释，关于化妆品成分试验及其安全评估的指引（第九版）］来确定安全系数。

A（g/d）：是指使用的化妆品的每日接触量，SCCS指引中规定的数值。

SED［mg/（kg·d）］：系统接触剂量。

$$SED = \frac{A \times [C(\%)/100] \times (DA_p/100) \times 1000}{60}$$

安全边界值=NOAEL/SED。

普遍认为一种物质的安全边界值必须大于100，才可以宣布这种物质不会危

害人体健康。100这个数值包括一个系数10，从动物实验外推到人类的平均值，另一系数10考虑人类的物种内（个体间）差异。

对于真皮吸收及可能的吸入，本产品评估时的默认数值是100%，选取最坏的情形。

以安全系数为100反推各原料组分的最大添加量可得各原料的毒理学安全阈值（理论最大添加量）（表5-31）。

表5-31　XXX防晒喷雾SPF20中各原料的毒理学安全阈值

序号	标准中文名称	INCI名	毒理学安全阈值（%）
1	水	AQUA	100
2	胡莫柳酯	HOMOSALATE	10
3	琥珀酸二乙基己酯	DIETHYLHEXYL SUCCINATE	18
4	C$_{12-15}$醇苯甲酸酯	C$_{12-15}$ ALKYL BENZOATE	59
5	丁二醇	BUTYLENE GLYCOL	54
6	丁基辛醇水杨酸酯	BUTYLOCTYL SALICYLATE	5
7	聚酯-7 新戊二醇二庚酸酯	POLYESTER-7 NEOPENTYL GLYCOL DIHEPTANOATE	3
8	丁基甲氧基二苯甲酰基甲烷	BUTYL METHOXYDIBENZOYLMETHANE	5
9	奥克立林	OCTOCRYLENE	10
10	月桂基葡糖苷	LAURYL GLUCOSIDE	6
	聚甘油-2 二聚羟基硬脂酸酯	POLYGLYCERYL-2 DIPOLYHYDROXYSTEARATE	
	水	AQUA	
	甘油	GLYCERIN	
	柠檬酸	CITRIC ACID	
11	库拉索芦荟（ALOE BARBADENSIS）叶汁	ALOE BARBADENSIS LEAF JUICE	26.7
	苯甲酸钠	SODIUM BENZOATE	
	柠檬酸	CITRIC ACID	
	山梨酸钾	POTASSIUM SORBATE	
12	鲸蜡醇磷酸酯钾	POTASSIUM CETYL PHOSPHATE	7.61
13	苯氧乙醇	PHENOXYETHANOL	1

序号	标准中文名称	INCI名	毒理学安全阈值（%）
14	微晶纤维素	MICROCRYSTALLINE CELLULOSE	56.8
	纤维素胶	CELLULOSE GUM	
15	丙烯酰二甲基牛磺酸铵/VP共聚物	AMMONIUM ACRYLOYLDIMETHYLTAURATE/VP COPOLYMER	0.66
16	香精	PARFUM	3.2
17	EDTA 二钠	DISODIUM EDTA	1
18	生育酚乙酸酯	TOCOPHERYL ACETATE	16.6
19	山梨酸钾	POTASSIUM SORBATE	0.6

可见本产品配方中所有原料组分的实际添加量均小于或等于毒理学安全阈值，故本产品被认为在正常及可预见的使用情形下不会对消费者造成风险。

3.暴露评估

基于本产品在正常及合理可预见的使用情形下，本评估仅考虑一种暴露场景。基于与本产品相似的产品已上市多年，且与此类产品相关的暴露量数据充分，本产品被认为在正常及可预见的使用情形下不会对消费者造成风险。

4.风险特征描述

四、安全风险评估结果的分析

包括对风险评估过程中资料的完整性、可靠性、科学性的分析，数据不确定性的分析等。

五、安全风险控制措施或建议

1.建议在产品标签加注以下注意事项

【注意事项】过多的阳光暴晒将带来肌肤伤害与老化。为保持肌肤健康，及时正确使用防晒霜与其他防晒措施，也请尽量避免过度或长时间暴晒。

2.建议在产品标签加注以下贮存条件

【贮存条件】请不要将本产品放置于极端高温或者低温以及阳光直射的环境中。

六、化妆品产品安全评价结论

产品稳定性：加速稳定性试验表明本产品在存放于合适的环境下时产品可以稳定保存至少36个月。此外，根据以往经验此类产品在保质期结束后仍可使用一段时间且不会对消费者的健康造成风险。

微生物学：经评估本产品的微生物防护符合现行规范，可以保证消费者在正常和可预见的使用场景下的使用安全。

七、证明性资料

包括：所涉文献资料内容、检测报告、涉及的原料规格证明等。

耐受性：通过对已上市较长时间且配方与本产品非常相似的产品的不良反应识别记录以及耐受性实验的结果，可以判断本产品在可预期的使用条件下安全耐受性令人满意。

适用人群：成年人在通常条件下使用本产品未发现安全性风险。未成年人偶尔使用也未发现安全性风险。

产品包装：本产品的包装类型及包装图案不会与食物或药品混淆，包装本身没有内在风险（如易割伤、易被误用等）。

实例十 止汗剂的风险评估

化妆品产品的安全评价报告

（样稿，仅供参考）

产品名称：XXX止汗剂
产品配方号：……
评估单位：XXXXXXXXX
评估人：XXX
评估日期：XXXX年XX月XX日

目录（另起一页）

一、安全评价摘要

通过对产品安全评估，结合化妆品上市后安全监测数据，该产品有可能增加消费者变应性接触性皮炎风险。随后对产品配方修改并去除可能增加该风险的成分甲基异噻唑啉酮，进一步的上市后安全监测数据确认了产品的安全性。

二、产品特性描述

1.产品名称

XXX止汗剂。

2.产品配方（表5-32）

表5-32　XXX止汗剂的产品配方

序号	标准中文名称	INCI名	原料/成分在配方中百分含量（%）	成分在原料中百分比（%）	成分在配方中百分比（%）	使用目的
1	水	AQUA	64.4	100	64.4	溶剂
2	氯化羟铝	ALUMINUM CHLOROHYDRATE	30	50	15	抑汗剂
	水	AQUA		50	15	
3	鲸蜡硬脂醇	CETEARYL ALCOHOL	4	100	4	乳化剂
4	聚二甲基硅氧烷	DIMETHICONE	1	100	1	皮肤调理剂
5	香精	PARFUM	0.5	100	0.5	芳香剂
6	甲基异噻唑啉酮	METHYLISOTHIAZOLINONE	0.1	9	0.009	防腐剂
	水	AQUA		91	0.091	

3.各原料理化信息（略）

4.可能存在的风险物质信息（表5-34）

5.产品类型

本产品为驻留类的腋下使用产品。

6.使用量

每次使用经皮暴露量为1500mg，产品驻留因子为1（SCCS指导原则）。

暴露剂量＝产品每日使用量×产品驻留因子×成分在配方中百分比×透皮率/60kg（人体平均体重）。

三、化妆品各原料或风险物质的风险评估过程（表5-33）

表5-33　XXX止汗剂各成分的安全性评价

标准中文名称	INCI名	成分在配方中百分比（%）	安全性评估	MoS=NOAEL/SED
水	AQUA	79.491	水在本产品中应用无安全风险	*N/A*
氯化羟铝	ALUMINUM CHLOROHYDRATE	15	氯化羟铝已列入原国家食品药品监督管理总局发布的"已使用化妆品原料名称目录"。美国联邦法规第21章批准其作为止汗剂使用最大浓度为25% 毒理学终点如下 急性毒性：急性经口毒性试验显示该原料为低毒性 皮肤刺激性：该原料在浓度为100%时对皮肤无刺激性 眼刺激性：该原料在浓度为35%时为轻度眼刺激性 皮肤变态反应：该原料在浓度为20%时无致敏性 皮肤光毒性：该原料不具有紫外光吸收特性，故认为其不具有皮肤光毒性 致突变性：该原料无潜在基因突变性或染色体畸变性 系统毒性：经过危害特征描述，该类原料的未观察到有害作用剂量（NOAEL）为 1000mg/（kg·d）经计算安全边界值 MoS=NOAEL/暴露剂量>100 该原料在本产品中应用无安全风险	266.7
鲸蜡硬脂醇	CETEARYL ALCOHOL	4	鲸蜡硬脂醇已列入美国CIR评论认为其用于化妆品是安全的，化妆品中最大安全用量达25%。本配方中添加量在安全用量以内，无安全风险	*N/A*

续表

标准中文名称	INCI名	成分在配方中百分比（%）	安全性评估	MoS=NOAEL/SED
聚二甲基硅氧烷	DIMETHICONE	1	聚二甲基硅氧烷已列入原国家食品药品监督管理总局发布的"已使用化妆品原料名称目录"。美国CIR评论认为其用于化妆品是安全的。本配方中的用量低于一般常用量（美国CIR统计其在化妆品配方中的最大用量达80%），在本产品中应用无安全风险	N/A
香精	PARFUM	0.5	其使用符合国际日用香料香精协会（IFRA）实践法规要求	N/A
甲基异噻唑啉酮	METHYLISOTHI-AZOLINONE	0.009	防腐剂甲基异噻唑啉酮符合《化妆品安全技术规范》表4化妆品组分中限用防腐剂要求。其限用量为0.01%，本配方的添加量低于其限量，无安全风险	—

四、化妆品中可能存在的风险物质的风险评估

化妆品中可能存在的安全性风险物质是指由化妆品原料带入、生产过程中产生或带入的，可能对人体健康造成潜在危害的物质。

本产品的生产符合国家相关法律法规，对生产过程和产品包装材料进行严格的管理和控制。通过后附的安全性风险物质危害识别表（表5-34），对化妆品中可能存在的安全性风险物质进行危害识别，判断产品中是否含有可能存在的安全性风险物质，并进行风险评估。认为由化妆品原料带入、生产过程中产生或带入的物质，在本产品正常以及合理的、可预见的使用条件下，不会对人体健康造成潜在危害。

表5-34　XXX止汗剂中安全性风险物质危害识别

序号	INCI名	可能存在风险物质	评估结论	杂质	原料中杂质	单位	终产品中杂质	单位
3	鲸蜡硬脂醇	√	风险物质甲醇低于《化妆品安全技术规范》限量	甲醇	<1000	ppm	111	ppm

五、化妆品上市后安全监测数据[①]

产品于2010年开始生产，截至2014年，在全球40个国家销售，总销量为26 891 969。

全球范围内共收到292例不良事件，所有不良事件均为非严重不良事件，报告率为11/100万销售单品；其中63例因果关系评估结果为可能或者非常可能与产品使用相关，因果关系评估为可能和非常可能的不良事件报告率为2/100万销售单品。其余229例因果关系评估结果为可疑或者不可能与产品使用相关。

在因果关系评估结果为可能（57例）或者非常可能（6例）的63例中，8例（12.7%）所报告的反应符合变应性接触性皮炎，49例（77.8%）所报告的反应符合皮肤刺激，6例（9.5%）所报告的反应符合皮肤不适。

在因果关系评估结果为非常可能的6例中，1例所报告的反应符合变应性接触性皮炎，使用产品及甲基异噻唑啉酮进行封闭性斑贴试验，分别都出现了阳性斑贴试验结果；4例所报告的反应符合皮肤刺激反应；1例所报告的反应符合皮肤不适。

分析结果表明此产品不良事件的报告率与同类产品相比偏高（每个公司对其每一类产品都应该定期分析上市后不良事件数据，并有自己的内部参考值）。通过产品配方分析并与其他类似配方比较，唯一不同的原料为甲基异噻唑啉酮。同期检索到的科学文献也提示免洗类化妆品中甲基异噻唑啉酮的使用与变应性接触性皮炎的发生有关。考虑到所收集到的因果关系评估为可能和非常可能的不良事件中有一些符合变应性接触性皮炎症状，并且其中一例对该成分出现阳性斑贴试验结果，而且也不能完全排除其他不良事件为变应性接触性皮炎的可能性，产品上市后安全监测数据建议在此产品中停止使用甲基异噻唑啉酮。

六、产品配方更新后的安全评估

1.新产品配方（表5-35）

表5-35　XXX止汗剂的新产品配方

序号	标准中文名称	INCI名	原料/成分在配方中百分含量（%）	成分在原料中百分比（%）	成分在配方中百分比（%）	使用目的
1	水	AQUA	64	100	64	溶剂
2	氯化羟铝	ALUMINUM CHLOROHYDRATE	30	50	15	抑汗剂
	水	AQUA		50	15	

[①] 上市后安全监测见本书第二章、第五节。

续表

序号	标准中文名称	INCI名	原料/成分在配方中百分含量(%)	成分在原料中百分比(%)	成分在配方中百分比(%)	使用目的
3	鲸蜡硬脂醇	CETEARYL ALCOHOL	4	100	4	乳化剂
4	聚二甲基硅氧烷	DIMETHICONE	1	100	1	皮肤调理剂
5	香精	PARFUM	0.5	100	0.5	芳香剂
6	苯氧乙醇	PHENOXYETHANOL	0.5	100	0.5	防腐剂

新引入可能存在的风险物质信息见表5-37,产品类型和使用量不变。

2.新配方引入新成分的风险评估过程(表5-36)

表5-36 XXX止汗剂新配方各成分的安全性评价

标准中文名称	INCI名	成分在配方中百分比(%)	安全性评估	MoS=NOAEL/暴露剂量
苯氧乙醇	PHENOXYETHANOL	0.5	防腐剂苯氧乙醇符合《化妆品安全技术规范》表4化妆品准用防腐剂要求。其在《化妆品安全技术规范》中的限用量为1%,本配方的添加量低于其限量,无安全风险	N/A

3.新引入可能存在的风险物质的风险评估(表5-37)

表5-37 XXX止汗剂新配方中安全性风险物质危害识别

序号	INCI名称	可能存在风险物质	评估结论	杂质	原料中杂质	单位	终产品中杂质	单位
6	苯氧乙醇	√	风险物质二噁烷低于《化妆品安全技术规范》限量	二噁烷	≤30	ppm	0.3	ppm
			风险物质苯酚低于《化妆品基准》(日本厚生省告示第331号,2000年9月29日)的使用限量	苯酚	<1000	ppm	6.3	ppm

4.新配方化妆品上市后安全监测数据

更改配方后的新产品于2014年生产，截止到此文章被撰写时，在全球31个国家销售，销量为13 014 050。

在全球范围内收到10例不良事件，均为非严重不良事件，报告率为0.8/100万销售单品。其中2例因果关系评估结果为可能与产品使用相关，因果关系评估为可能的不良事件报告率为0.2/100万销售单品。其他8例因果关系评估结果为可疑或者不可能与产品使用相关。在因果关系评估结果为可能的2例中，所报告的反应符合皮肤刺激。

结论：如表5-38比较结果所示，更改配方后的新产品的安全性得到了明显的改善。

表5-38　XXX止汗剂更改配方前后的产品安全性比较

比较项目	更改配方前	更改配方后
不良事件总数	292	10
销量	26 891 969	13 014 050
因果关系评估结果为可能或非常可能的例数	63	2
不良事件的报告率（无论何种因果关系评估结果）	11/100万销量	0.8/100万销量
不良事件的报告率（因果关系评估结果为可能或者非常可能）	2/100万销量	0.2/100万销量

七、化妆品产品安全评价结论

根据对产品配方的每一成分的安全评估结果，可能存在的风险物质的风险评估，理化分析结果（见执行标准），微生物的检测结果（见报告），铅、汞、砷重金属的检测结果（见报告），可能存在的风险物质的检测结果或原料规格（见报告或原料规格），配方的稳定性测试（本产品通过公司内部稳定性测试，相关测试数据均保存归档，如有必要可供查阅），配方中各成分之间未预见会发生有害的相互作用（见附录）。在确认化妆品配方中各成分的安全性前提下，在确有必要时，可以通过对化妆品成品或类似产品进行的临床研究或售后不良反应监测等资料，在确认化妆品配方中各成分的安全性的基础上，进一步确证成品不会引起刺激性或皮肤变态反应。相关研究资料均保存归档，如有必要可供查阅。该产品在正常以及合理的、可预见的使用条件下，不会对人体健康产生危害。

八、证明性资料（略）

实例十一　婴儿防晒霜的风险评估

化妆品产品的安全评价报告

（样稿，仅供参考）

产品名称：XXX防晒润肤露
产品配方号：XXX
评估单位：XXXXXXXXX
评估人：XXX
评估日期：XXXX年XX月XX日

一、安全评价摘要

产品配方——本安全声明文件对XXX防晒润肤露配方号XXXX进行了识别，允许进入市场，在正常或可合理预见的使用条件下不存在可以预见的损害人体健康的风险。本产品同时适用于婴儿和成年人，并按照下列程序进行相关评价。

1.原材料与配方的毒性与临床安全性评价，其中包含危害与风险评价的综合标准。

2.配方设计与原材料的选择。

3.生产过程中严格的质量保证与质量控制。

基于遵循上述程序的详细评价，可以确定XXX防晒润肤露配方号XXXX在正常的以及合理预见的条件下，按照产品标签的说明加以使用对于使用者是安全的。

二、引言

这是为XXX防晒润肤露配方号XXXX编制的一份安全评价文件。本产品同时适用于婴儿与成年人。

现有文件中给出了产品特性的相关信息，并对为了确保产品的使用安全而实施的相关措施进行了总结。

满足产品的安全性是一个综合的过程，始于产品开发阶段的原材料选择与配方设计，直到产品生产过程中的严格质量控制规范。

三、产品信息

1.产品名称

XXX防晒润肤露。

2.配方号

XXXX。

3.产品分类

XXX防晒润肤露是一种化妆品类皮肤护理、驻留型产品。本产品用于正常状态的婴儿与成年人。

4.成分清单（INCI）（表5-39）

表5-39　XXX防晒润肤露的产品配方

序号	标准中文名称	INCI名	原料含量（%）
1	环五聚二甲基硅氧烷	CYCLOPENTASILOXANE	38.69
	环己硅氧烷	CYCLOHEXASILOXANE	
2	水	WATER	25
3	二氧化钛	TITANIUM DIOXIDE	10
	氢氧化铝	ALUMINUM HYDROXIDE	
	硬脂酸	STEARIC ACID	
4	甘油	GLYCERIN	5
5	PEG-10聚二甲基硅氧烷	PEG-10 DIMETHICONE	5
6	氧化锌	ZINC OXIDE	5
7	环五聚二甲基硅氧烷	CYCLOPENTASILOXANE	5
	PEG/PPG-18/18聚二甲基硅氧烷	PEG/PPG-18/18 DIMETHICONE	
8	鲸蜡基二甲基聚硅氧烷	CRTYl DIMETHICONE	3
9	苯乙烯/丙烯酸（酯）类共聚物	STYRENE/ACRYLATES COPOLYMER	2
10	氯化钠	SODIUM CHLORIDE	0.5
11	苯氧乙醇	PHENOXYETHANOL	0.3
12	乙基己基甘油	ETHYLHEXYLGLYCERIN	0.3
13	香精	FRAGRANCE	0.2
14	向日葵籽油	HELIANTHUS ANNUUS（SUNFLOWER）SEED OIL	0.01

5.法规相符性

针对该配方是否符合中国的《化妆品卫生规范》进行了审查，结果见表5-40。

表5-40 XXX防晒润肤露配方的法规审查结果

INCI名称	功效	应用领域	剂量限值	标签警示	法规符合状态
二氧化钛	防晒剂	所有化妆品	25%	无	符合
	着色剂	所有化妆品	无	无	符合
氧化锌	防晒剂	所有化妆品	25%	无	符合
	着色剂	所有化妆品	无	无	符合
苯氧乙醇	防腐剂	所有化妆品	1.00%	无	符合

其余原料在《化妆品卫生规范》中没有限制要求，可以作为化妆品成分安全使用。因此，本产品完全符合中国现行的化妆品卫生规范要求。

四、安全评价

如上所述，安全评价是产品开发过程中不可缺少的一部分。本安全评价特别考虑了以下要素。

（1）产品组成，按照中国、欧盟以及东盟的法规要求配制。

（2）原材料的组成及其毒性资料。

（3）与其正常用途相关的产品接触，即：产品为身体护理类化妆品；产品为驻留型；使用频率为每天使用。

（4）临床安全资料。

所有采用的成分都在化妆品中有长期的安全使用史。在评估产品的安全性时，具有丰富经验的毒理学家和安全评价员参照国际上相关安全评估指导原则，其中包括美国的化妆品原料评价委员会（CIR）、英国工业生物研究协会（BIBRA）、欧盟消费品科学委员会（SCCP）、美国环境保护署（EPA）、香料研究所（RIFM）、国际癌症研究机构（IARC）等，以确保该安全评估的可靠性。此外，还通过独立的安全评价机构发表的文献、原料供应商或公司进行的相关测试所获得的数据得到证实。

对于婴儿的安全性

公司对所有上市化妆品均需进行安全评价。此外，适用于3岁以下儿童使用的化妆品还需进行针对婴儿对象的特定评估，以体现婴儿与成年人之间的差异。对于许多产品种类来说，针对经常使用我公司产品的婴儿，我公司已经对其消费产品的使用方式进行了研究。通过这些研究，可了解产品的日常用量以及各年龄组婴儿对产品的使用频率，这让我们能够更加精确地确定消费者使用产品时对于配方中原材料的人体暴露情况。在尚未通过研究建立针对婴儿的人体暴露数据情况，我们采用针对成年人用途所建立的产品人体暴露数据，结合婴儿体表面积与体重比的差异对这些暴露数据进行修正。

五、配方安全分析

1.水（H_2O，CAS 7732-18-5）

XXX防晒润肤露的主要成分是符合美国药典32版纯净水及中国饮用水标准的去离子水。该去离子水可安全用于化妆品。

2.环五聚二甲基硅氧烷/环己硅氧烷（CAS 69430-24-6）、鲸蜡基聚二甲基硅氧烷（CAS 191044-49-2）、PEG/PPG-18/18聚二甲基硅氧烷（INCI ID 15511）及PEG-10聚二甲基硅氧烷

鲸蜡基聚二甲基硅氧烷是一种二甲基硅氧烷聚合物，在化妆品中用作润滑剂和消泡剂。环聚二甲基硅氧烷是一种环状二甲基聚硅氧烷，在化妆品配方中主要用作润滑剂和溶剂，其浓度范围较为广泛。从小于0.1%的浓度至大于50%的浓度均有报道。

PEG/PPG-18/18聚二甲基硅氧烷为聚二甲基硅氧烷的烷氧化衍生物，平均含18mol氧乙烯和18mol氧丙烯；PEG-10聚二甲基硅氧烷为聚二甲基硅氧烷的聚乙烯醇衍生物，平均含10mol氧乙烯。以上2个化合物均属于聚二甲基硅氧烷共聚多元醇类。聚二甲基硅氧烷共聚多元醇类具有化学、物理惰性，在化妆品中用作表面活性剂、润湿剂、乳化剂、泡沫促进剂、成塑剂和润滑剂，使用浓度为0.1%~10%。

美国化妆品原料评价委员会（CIR）专家组对聚二甲基硅氧烷及其硅氧烷聚合物（例如：鲸蜡基聚二甲基硅氧烷）的评估结论：此类物质用于化妆品配方中是安全的。聚二甲基硅氧烷的毒理学资料充分适用于整个硅氧烷聚合物。聚二甲基硅氧烷在化妆品配方中用作调节剂，目前使用浓度≤15%。临床和动物吸收试验结果显示，该物质经口和经皮给药后不发生吸收；经口给药后，无急性毒性。家兔短期经皮给予6%~79%聚二甲基硅氧烷，未发现不良反应。小鼠和大鼠给予10%聚二甲基硅氧烷90天，未出现不良反应。聚二甲基硅氧烷急性和短期吸入性给药试验中，亦未观察到不良反应。在家兔中进行的皮肤刺激性研究中，绝大多数试验表明该物质的皮肤刺激性极小。聚二甲基硅氧烷对实验室动物无致敏性。一项纳入83例受试者的重复性激发斑贴试验（RIPT）结果表明5%聚二甲基硅氧烷无致敏性。绝大多数家兔眼刺激试验显示该物质对眼的刺激性轻微，或极小。生殖发育毒性研究中，该物质对雄鼠可造成显著体重下降和/或睾丸或储精囊重量下降；但对孕鼠或胎儿无毒性效应。聚二甲基硅氧烷所有遗传毒性试验结果均呈阴性。小鼠经口和经皮试验中，该物质未显示出致癌性。

美国CIR专家组对环聚二甲基硅氧烷的评估结论为：在目前的使用方式下，该物质作为一种化妆品成分是安全的。环聚二甲基硅氧烷无显著经皮吸收性。人体和猴经口给予环聚二甲基硅氧烷后，仅少量被吸收，在尿液和呼出的气体中可检测到该物质。大鼠急性经口毒性试验中，死亡率为零，无肉眼观察到的损害。短期经皮研究中，受试动物的行为、局部皮肤、剖检或组织病理学检查中均无变化。在猴中进行的一项亚急性吸入性毒性研究中，暴露和未经暴露动物间无显著差别。未经稀释的环聚二甲基硅氧烷涂抹于家兔完整或受损皮肤上，所产生的刺激性极小或无刺激性。眼刺激性研究中，滴入环聚二甲基硅氧烷后，对眼进行冲洗或不经冲洗，均出现轻微、一过性结膜刺激。环聚二甲基硅氧烷对大鼠无生殖毒性。Ames试验结果表明环聚二甲基硅氧烷无致突变性。2项皮肤刺激性临床研究中，采用重复性损伤性斑贴法，结果显示，该物质对人体皮肤既无刺激性亦无致敏性。

美国CIR专家组对聚二甲基硅氧烷共聚多元醇的评估结论是：在目前的使用方式和浓度下，该物质作为一种化妆品成分是安全的。硅氧烷类化合物不易透过膜屏障，无经皮吸收性，且不被人体或微生物所代谢。经口和胃肠道外给予硅氧烷液体是相对无害的。大鼠经口或经皮给予单剂量该物质，所产生的毒性轻微。在家兔试验中，此类共聚多元醇并非为皮肤或眼的原发性刺激物；大鼠经灌饲给药，未出现亚急性毒性。临床研究表明这些共聚多元醇在测试浓度为100%的情况下，不是皮肤原发刺激物，也不是致敏物。

根据上述资料，可得出结论：在本配方中，使用38.69%（w/w）环聚二甲基硅氧烷（环五聚二甲基硅氧烷与环己硅氧烷的复配原料）、3%（w/w）鲸蜡基聚二甲基硅氧烷、5.0%（w/w）PEG/PPG-18/18聚二甲基硅氧烷与环五聚二甲基硅氧烷复配原料和5.0%（w/w）PEG-10聚二甲基硅氧烷，可视为是安全的。

3.二氧化钛（TiO_2，CAS 13463-67-7）

二氧化钛（化妆品中的一种添加剂），主要用作着色剂、乳浊剂、防晒剂和UV吸收剂。美国食品药品管理局（FDA）将二氧化钛列为免除认证的色素添加剂。在符合特定标准的前提下，二氧化钛用于着色产品中（包括唇部、眼部化妆品及个人护理产品）是安全的。此外，二氧化钛还被批准用于食品、药品和医疗器械的色素使用。

将受试动物暴露于5.0%二氧化钛包覆云母中130周，试验结果显示：在所用剂量方案下，动物的存活率、体重增加情况、血液学、临床化学参数或组织学方面，均未出现持续性或在生物学方面具有重要意义的改变。在此项为期130周的灌饲试验条件下，无证据表明二氧化钛包覆云母在高达5%的受试浓度下会产生毒性和致癌效应。研究结果提示，暴露于二氧化钛包覆云母的膳食对人体健康无显著危害性。FAO/WHO联合食品添加剂专家委员会经评估认为：没有必要对二氧化钛的每日允许摄入量作限制性规定。

人体和动物研究表明二氧化钛的刺激性极小或无刺激性。将0.1mg二氧化钛粉末放入一非密封性斑试器中（non-occlusive chamber），敷于5名健康志愿者完整或受损皮肤上，每天1次，连用3天，几乎未出现刺激性反应［评分（0~0.4）/4］。针对二氧化钛防晒剂、在健康志愿者中进行的临床研究结果表明二氧化钛颗粒仅渗透最外层皮肤。

因此，根据已有资料，可得出结论：本配方中使用浓度为10.0%（w/w）的二氧化钛复配原料（含氢氧化铝和硬脂酸）是安全的。

4.氢氧化铝［Al（OH）$_3$，CAS 21645-51-2］

氢氧化铝是一种无机化合物，在化妆品中用作乳浊剂和皮肤保护剂。

由于FDA已对氢氧化铝进行了安全性评估，美国CIR专家组推迟了对该物质的评估。FDA对氢氧化铝用于OTC药品进行了安全性和有效性审评，批准其用作间接食品添加剂。氢氧化铝也被列为GRAS类物质（SCOGS 2006）。

FAO/WHO联合食品添加剂专家委员会提出了铝的暂定可耐受每周摄入量（PTWI）为0~7.0mg/kg，包括用作食品添加剂。氯化铝的经口LD$_{50}$为3630±400mg/kg。同时，有报道，人体摄入铝后，产生致癌性、遗传毒性或生殖毒性。另据报道，小鼠给予高剂量氢氧化铝（300mg/kg）后，未出现母体毒性和发育毒性。经皮暴露试验结果表明氢氧化铝对皮肤和眼有轻微至中度刺激性。

根据上述资料，本配方中使用浓度为10.0%（w/w）的氢氧化铝复配原料（含二氧化钛和硬脂酸）认为是安全的。

5.硬脂酸（C$_{18}$H$_{36}$O$_2$，CAS 57-11-4）

硬脂酸是一种脂肪酸，在化妆品配方中用作乳化剂、软化剂和润滑剂，应用广泛。硬脂酸是椰子油、黄油和其他食用油中的常见组分。通过脂肪酸和三羧酸途径，硬脂酸被完全代谢为内源性物质。

美国CIR专家组对油酸、月桂酸、棕榈酸、肉豆蔻酸和硬脂酸的评估结论为：在目前的使用方式和化妆品中的浓度下，这些物质是安全的。大鼠经口给予月桂酸、肉豆蔻酸或硬脂酸15~19g/kg，观察到的急性毒性低。在一项亚毒性研究中，鸡喂食含5%硬脂酸和油酸饲料后，未观察到毒性反应。生殖毒性研究表明油酸、棕榈油和硬脂酸对精细胞的毒性很小，或无毒性。在实验室动物中进行的急性经皮毒性研究中，几乎无毒性反应。针对油酸和硬脂酸的试验结果显示，两种物质无致敏性亦无光致敏性，且对眼无刺激性。月桂酸、硬脂酸和油酸无致癌性。油酸、肉豆蔻酸和硬脂酸的原发性和累积性刺激研究表明，这些物质在高浓度下无刺激性。油酸、月桂酸、棕榈酸和硬脂酸不是原发性和累积性刺激物，亦非致敏物。

根据上述资料，可得出结论：在本配方中，使用浓度为10.0%（w/w）的硬脂酸复配原料（含二氧化钛和氢氧化铝）认为是安全的。

6. 甘油（$C_3H_8O_3$，CAS 56-81-5）

甘油在化妆品中主要用作润滑剂和保湿剂。甘油属GRAS类物质（FDA）。甘油为人体内源性物质，因此，无安全隐患。

经济合作与发展组织筛选资料数据集建议：由于甘油的潜在危害性低，无需再对其进行安全性评估。甘油的经口、吸入或皮肤接触毒性低。其急性经口/经皮毒性等级低（$LD_{50}>4000\,mg/kg$）。甘油对皮肤和眼的潜在刺激性低，对皮肤无致敏作用。

甘油的NOEL为10 000 mg/kg bw/d。体外体内试验中，该物质未显示出致突变性。总体而言，不认为甘油具有潜在的遗传毒性。在大鼠中进行的为期2年的试验中，甘油未显示出致癌性。在临床研究中未观察到其对生殖能力的影响。在甘油的一项致畸性对照研究中，最高剂量下，在大鼠、小鼠和家兔中均未观察到母体毒性或致畸效应。

根据已有资料，可得出结论：在本配方中使用5.0%（w/w）甘油是安全。

7. 氧化锌（CAS 1314-13-2）

氧化锌在化妆品、药品中主要用于软膏剂、婴幼儿乳霜和护肤霜、牙膏、除臭剂和防晒剂的制备。

急性经口毒性试验表明，单次口服氧化锌（$LD_{50}>5000\,mg/kg$）不产生毒性作用。单次经皮涂抹（$LD_{50}>2000\,mg/kg$）亦无毒性反应。在欧洲，氧化锌烟雾的职业暴露标准为5 mg/m³（长期暴露）和10 mg/m³（短时间暴露）。根据人体试验结果，荷兰健康委员会（1998）将锌的每日最大耐受摄入量（MTDI）确定为30 mg/d〔0.5 mg/（kg·d）〕，该值与欧共体委员会的推荐剂量相一致。

试验显示，氧化锌无皮肤/眼刺激性，亦无皮肤致敏作用。氧化锌的光接触致敏性和光毒性试验中，无证据显示其具有显著先活性。局部使用含氧化锌的软膏不影响锌的全身性水平。经皮涂抹氧化锌所导致的全身生物利用率为0.34%。现有文献资料表明，该物质在体外可能具有致突变性和/或基因毒性，但体内研究中相关证据并不确凿。在另一方面，有资料认为，由于氧化锌通常在水中不溶解，总体而言，氧化锌是没有毒性的（包括被用于化妆品时）。

根据已有资料，可得出结论：在本配方中使用浓度为5.0%（w/w）的氧化锌是安全的。

8. 苯乙烯/丙烯酸（酯）类共聚物（CAS 9010-92-8）

苯乙烯/丙烯酸（酯）类共聚物属于丙烯酸酯共聚物类，由丙烯酸单体、或甲基丙烯酸单体、或它们的盐、或酯单体中之一组成。在化妆品中用作黏合剂、成膜剂、发用定型剂、悬浮剂、黏度增加剂和乳液稳定剂。使用浓度范围为0.5%~25%。

　　美国CIR专家组对丙烯酸酯共聚物的评估结论为：若在配方时能避免造成刺激性，则使用该物质是安全的。此类物质为大分子聚合物，毒性低。据报道，丙烯酸酯共聚物对家兔的经皮$LD_{50}>16g/kg$，大鼠的经皮LD_{50}为$9g/kg$。动物皮肤接触或眼接触丙烯酸酯共聚物后，无刺激作用，或仅出现轻微刺激。豚鼠最大化试验和Buehler致敏试验结果表明此类物质无致敏性。Ames试验显示无致突变性。临床研究中亦未显示出丙烯酸酯共聚物具有刺激性或致敏性。此类聚合物的主要安全顾虑在于有毒残留单体的出现。合成此类聚合物所使用的单体混合物之间存在巨大差异，但聚合物本身安全特性相似，即无显著毒性（除皮肤刺激性外），并且在此类聚合物的合成过程中均将残留单体的含量控制在尽量低的水平下。虽然单体可能具有毒性，但其在化妆品配方中的含量被认为是处于安全范围之内。

　　根据以上资料，可得出结论：在本配方中使用浓度为2.0%（w/w）苯乙烯/丙烯酸（酯）类共聚物是安全的。

9.氯化钠（NaCl，CAS 7647-14-5）

　　氯化钠（食盐）是一种无机盐，在化妆品中用作水溶液体系的黏度增加剂。氯化钠由钠离子和氯离子构成，这两种离子广泛存在于人体之中，是维持多种生理学功能所必需的。FAO/WHO联合食品添加剂专家委员会的食用盐类评估项目中包含了对氯化钠的评估，对其每日允许摄入量未作任何限制。FDA将氯化钠列为GRAS类物质。在大鼠中进行的急性经口毒性研究中，LD_{50}为$3.0g/kg$。美国国家毒理计划（NTP）针对氯化钠进行的遗传毒性研究中，结果为阴性。

　　根据以上资料，可得出结论：在本配方中使用含量为0.50%（w/w）的氯化钠是安全的。

10.苯氧乙醇（$C_8H_{10}O_2$，CAS 122-99-6）

　　苯氧乙醇属芳香化乙醇类化合物，在化妆品中用作香料和防腐剂。

　　美国CIR专家组对苯氧乙醇的评估结论为：该物质在目前的使用方式和浓度范围下，作为一种化妆品成分是安全的。大鼠经口或皮肤接触苯氧乙醇，未出现毒性反应。在一项大鼠亚急性经口毒性试验中，观察到了包括体重下降和摄食能力下降在内的毒性效应。未经稀释的苯氧乙醇对眼具有强刺激性，但浓度为2.2%时，无刺激性。2.0%的苯氧乙醇对家兔皮肤呈轻微刺激性，但对豚鼠皮肤无刺激性，亦无致敏性。苯氧乙醇经皮给药，在母体毒性剂量下，无致畸性、无胚胎毒性和无胎儿毒性。该物质无致突变性。在临床研究中，苯氧乙醇不是原发性刺激物，亦非致敏物。苯氧乙醇无光毒性。

　　在本配方中，苯氧乙醇用作防腐剂，使用浓度为0.30%（w/w）。因此，可得出结论：在本配方中使用苯氧乙醇是安全的。

11.乙基己基甘油（$C_{11}H_{24}O_3$，CAS 70445-33-9）

乙基己基甘油在化妆品中用作除臭剂和皮肤调理剂。

NICNAS对该物质的评估结论为：当以预期方式进行使用时，乙基己基甘油对公共健康不会造成显著危害。该物质的毒性极低，包括急性经口和经皮毒性（这两种暴露途径的LD_{50}均>2000mg/kg）。大鼠急性吸入性毒性为低至中度，雄鼠LC_{50}为2.83mg/L，雌鼠为3.22mg/L（以气雾剂进行给药）。在家兔中进行的一项皮肤刺激性研究结果表明，该物质具有轻微刺激性。在2项独立的家兔眼刺激性试验中，乙基己基甘油纯物质造成严重眼伤害，可持续影响角膜；而5%溶液仅造成轻微刺激。未经稀释的乙基己基甘油对结膜的刺激性为中至重度。豚鼠最大化研究显示该物质无致敏性。在一项为期13周的大鼠重复经口给药研究中，根据所有剂量水平下肝脏重量上升，将LOAEL确定为50mg/（kg·d）。在最高剂量800mg/（kg·d）下，分别在雄鼠和雌鼠中观察到肝肥大和肾矿物质化发生率上升。体内细菌回复突变试验和体内骨髓微核试验显示，该物质无致突变性和无致畸变性。

根据以上信息，可得出结论：在本配方中使用浓度为0.30%（w/w）的乙基己基甘油是安全的。

12.香精

根据供应商信息，上述香精符合国际日用香料协会的标准（FRA-44[th]修订版/2009年7月）。

因此在本配方中以0.20%的浓度使用香精预期是安全的。

13.向日葵籽油（CAS 8001-21-6）

向日葵籽油是从植物葵花籽中榨出的油，在化妆品配方中被用作皮肤调理剂。

供应商提供的产品安全评估报告指出它不属于眼睛刺激物，而且并未出现可能会造成皮肤刺激的证据。根据口服毒性试验的结果，本品一般被认为是安全的。相关的致敏性与光毒性试验并未引发过敏性接触皮炎。

经对含有向日葵籽油的临床试验表明，没有发现接触性过敏反应、光毒性、接触性光敏反映的情况。

基于以上结果，在本配方中使用浓度为0.01%（w/w）的向日葵籽油是安全的。

六、针对婴儿产品的特定安全考虑因素

产品通过了公司内部对于婴儿产品配方的特定人体安全性试验如下：

1.重复性激发斑贴试验（RIPT）

本次所进行的人体皮肤重复刺激斑贴试验中，XXX防晒润肤露产品不会诱发对人体皮肤的过敏性反应。

2.光毒试验最终报告（PT）

在本次所进行的人体皮肤光毒性试验中，XXX防晒润肤露产品不会诱发对人体皮肤的光毒性反应。

3.光敏试验最终报告（PA）

在本次所进行的人体皮肤光敏反应试验中，XXX防晒润肤露产品不会诱发对人体皮肤的光敏反应或皮肤变态反应。

4.累积刺激试验最终报告（CIT）

本次所进行的累积刺激试验结果显示，在最高总分可能为744的情况下，XXX防晒润肤露产品的总分为0。证明在本次试验条件下，累积刺激试验属无刺激性。

七、评估结论

根据对产品相关毒理学数据、临床安全检测结果、配方设计/原材料选择依据以及生产质量保证程序的审查，可以确保XXX防晒润肤露（配方号XXXX）产品在可预见的情况下对于婴儿及成年人使用是安全的。按照产品标签的说明使用时，几乎不会造成任何不良反应。

八、配方设计及原材料选择依据

本评价采用了一种基于研究数据的方法来开发安全而有效的婴儿产品。

本产品的设计与开发方法的依据是对婴儿发育以及婴儿特有需求的基于证据的深入认知。公司通过对于婴儿肌肤及需求的不断研究积累以确保开发的产品对婴儿安全、有效并满足使用要求，我们还建立了确保婴儿产品温和、安全的内部安全检测标准，来符合婴儿这一特定人群的需求。我们通过研究以及与其他科学家的合作掌握了关于婴儿及其特有的生理（如皮肤、头发、眼睛、呼吸系统等）和情感需求的科学见解。

此外，产品设计还认真考虑了国际、国内的相关产品法规要求、原料选择及原料安全性评价、配方设计及成品安全性评价、包装标签以及良好的生产规范。

我们将这些科学见解应用于为婴儿开发的皮肤和头发护理产品中，同时通过遵循严格科学规程，以确保我们的产品：对于婴儿是安全、有效而且适合的；符合严苛的公司内部温和性标准。

我们通过风险评价程序确定成分的危害、暴露及风险。任何可能有不安全因素的成分将被弃用。公司针对婴儿使用的产品的每种成分都进行了评价。在开发新配方时，我们拒绝采用不符合标准的原料。最终配方的全面评价将确保我们的上市产品对婴儿来说是安全、有效、温和、柔和而且适合的。

1.皮肤致敏性与刺激性的评估

旨在评估致敏和刺激的可能性，以及产品对皮肤的总体温和性的临床评价。

2.通过临床试验确认产品功效及安全性

较长期的使用及使用人群。

3.临床标准与评估

（1）在合适的专业人员的监督下在第三方实验室开展临床研究。

（2）所有采用的方法符合严格的科学标准。

（3）在产品上市前完成所有综合临床评估。

实例十二　牙膏的风险评估

化妆品产品的安全评价报告

产品名称：XXX牙膏安全评价报告

产品配方号：XXXXXXXXX

评估单位：XXXXXXXXX

评估人：XXX

评估日期：XXXX年XX月XX日

目录

一、安全评价摘要

二、产品特性描述

1.产品使用信息（表5-41）

表5-41　XXX牙膏的使用信息

产品名称	XXX牙膏	产品配方号	XXXXXXXXX
产品使用方法	挤取适量牙膏置于牙刷上，充分刷拭清洁牙齿，再用清水漱口。建议每天刷牙两次		
使用注意事项	使用后如有不适，请停止使用，并咨询医生		
产品类型：牙膏类	产品应用部位：口腔	产品每日用量：2.75g/d	保留系数：0.05

2.产品配方表（表5-42）

表5-42　XXX牙膏的产品配方

序号	原料中文名称	原料英文名称	在产品中的用量（%，w/w）	在原料中的浓度（%，w/w）	使用目的
1	碳酸钙	CALCIUM CARBONATE	35.0	99.5	研磨剂
	水	WATER		0.5	
2	水	WATER	39.54	100.0	溶剂
3	山梨醇	SORBITOL	20.0	50.0	保湿剂
	氢化淀粉水解物	HYDROGENATED STARCH HYDROLYSATE		13.0	
	甘露醇	MANNITOL		3.0	
	麦芽糖醇	MALTITOL		3.0	
	水	WATER		31.0	
4	水	WATER	1.5	1.6	起泡剂
	月桂醇硫酸酯钠	SODIUM LAURYL SULFATE		95.0	
	硫酸钠	SODIUM SULFATE		2.0	
	氯化钠	SODIUM CHLORIDE		0.6	
	月桂醇	LAURYL ALCOHOL		0.8	
5	单氟磷酸钠	SODIUM MONOFLUOROPHOSPHATE	0.76	96.0	防龋剂
	氟化钠	SODIUM FLUORIDE		3.8	
	水	WATER		0.2	

续表

序号	原料中文名称	原料英文名称	在产品中的用量（%，*w/w*）	在原料中的浓度（%，*w/w*）	使用目的
6	纤维素胶	CELLULOSE GUM	1.5	99.5	增稠剂
	水	WATER		0.5	
7	香精	FLAVOR	1.0	100.0	香味剂
8	碳酸氢钠	SODIUM BICARBONATE	0.2	99.0	缓冲剂
	水	WATER		1.0	
9	糖精钠	SODIUM SACCHARIN	0.2	100.0	甜味剂
10	苯甲醇	BENZYL ALCOHOL	0.3	100.0	防腐剂

以上组成本产品配方的全部原料均不含有《牙膏用原料规范》GB 22115—2008中规定的禁用物质组分，限用组分的使用符合该规范的技术要求；所用原料均符合本公司原材料的质量标准。

三、配方中各成分的安全性评价

关于对×××牙膏各成分进行危害识别的相关毒理学终点的情况描述（略）。

对牙膏成品进行安全性评估，需综合考虑化妆品安全评估报告（CPSR）中汇编的详细信息，包括每个原料的化学特性，一般毒理学特征以及配方中除水以外每个成分的未观察到有害作用剂量（NOAEL），同时还需考虑微量组分、杂质、分解产物可能与其他成分发生的相互作用，产品使用条件，消费者可能接触产品的信息，以及为每种成分计算的安全边界值（MoS），系统暴露量（SED）或相似值。MoS值应根据产品特性作调整，以反映该产品的确切使用条件。

在成分之间不存在严重相互作用的前提下，通过考虑各成分的接触安全性，可以充分确定产品的安全性。每个成分的MoS值≥100，则认为该成分为安全。

对于本评估产品，按照标签所述使用条件，所有原料的使用量均能保证最终产品的安全使用。具体而言，基于NOAEL值，所有MoS值均>100。没有NOAEL值的情况下，则使用另外一种安全性证据作评价，如使用每人每日允许摄入量（ADI）值计算暴露边际值（MOE）。具体参考表5-43下方中的相关注释。

表5-43 XXX牙膏各成分的安全性评价

序号	原料中文名称	在产品中的总用量（%, w/w）	最合适的NOAEL/NOEL值（详见表5-43下面的假设和注释）	SED值［mg/（kg·d）］	MoS或MOE	《牙膏用原料规范》（GB 22115—2008）及《化妆品安全技术规范》（2015）规定的最大允许使用浓度或备注
1	水	45.950 020	—	—	—	为去离子水，符合化妆品生产用水要求
2	碳酸钙	34.825 000	NOAEL=1420mg/（kg·d）（大鼠发育研究）	0.798 072 9	1779	列载于已使用化妆品原料目录。无禁限用要求
3	山梨（糖）醇	10.000 000	NOAEL=5000mg/（kg·d）（大鼠生殖研究）	0.229 166 7	21 818	列载于已使用化妆品原料目录。无禁限用要求
4	氢化淀粉水解物	2.600 000	详见氢化淀粉水解物的注释	0.059 583 3	—	列载于已使用化妆品原料目录。无禁限用要求
5	纤维素胶	1.492 500	NOAEL=1000mg/（kg·d）（25个月大鼠喂养研究，3代）	0.034 203 1	29 237	列载于已使用化妆品原料目录。无禁限用要求
6	香精	1.000 000	详见香精的注释	0.022 916 67	—	为日化香精，本原料中所含成分的纯度、用量均符合IFRA（国际日用香料协会）的规定
7	月桂醇硫酸酯钠	1.425 000	NOAEL=100mg/（kg·d）（大鼠90天口服毒性研究）	0.032 656 3	3062	列载于已使用化妆品原料目录。无禁限用要求
8	单氟磷酸钠	0.729 600	详见单氟磷酸钠的注释	0.016 720 0	—	根据GB22115—2008要求，牙膏中最大允许使用浓度为0.15%（以F计），当与其他允许使用的氟化物混合时，总F浓度不应超过0.15%
9	甘露醇	0.600 000	详见甘露醇的注释	0.013 750 0	—	列载于已使用化妆品原料目录。无禁限用要求

序号	原料中文名称	在产品中的总用量（%，*w/w*）	最合适的NOAEL/NOEL值（详见表5-43下面的假设和注释）	SED值［mg/（kg·d）］	MoS或MOE	《牙膏用原料规范》（GB 22115—2008）及《化妆品安全技术规范》（2015）规定的最大允许使用浓度或备注
10	麦芽糖醇	0.600 000	详见麦芽糖醇的注释	0.013 750 0	—	列载于已使用化妆品原料目录。无禁限用要求
11	苯甲醇	0.300 000	NOAEL=200mg/（kg·d）（小鼠重复剂量毒性研究）	0.006 875 0	29 091	根据GB22115-2008要求，牙膏中最大允许使用浓度为1.0%。根据《化妆品安全技术规范》，化妆品使用时的最大允许浓度为1.0%
12	糖精钠	0.200 000	NOAEL=500mg（kg·d）（大鼠两代生殖研究）	0.004 583 3	109 091	列载于已使用化妆品原料目录。无禁限用要求
13	碳酸氢钠	0.198 000	ADI=83.38mg/（kg·d）（NRC 1972）详见碳酸氢钠的注释	0.004 537 5	18 376	列载于已使用化妆品原料目录。无禁限用要求
14	硫酸钠	0.030 00	NOAEL=320mg（kg·d）（大鼠44周重复剂量喂养研究）	0.000 687 5	465 455	列载于已使用化妆品原料目录。无禁限用要求
15	氟化钠	0.028 880	详见氟化钠的注释	0.000 661 8	—	根据GB22115—2008要求，牙膏中最大允许使用浓度为0.15%（以F计），当与其他允许使用的氟化物混合时，总F浓度不应超过0.15%
16	月桂醇	0.012 000	详见关于月桂醇的注释	0.000 275 0	—	列载于已使用化妆品原料目录。无禁限用要求
17	氯化钠	0.009 000	NOAEL没有确定［ADI=0.117mg/（kg·d），每位成年人］计算MOE详见氯化钠的注释	0.000 206 3	567	列载于已使用化妆品原料目录。无禁限用要求

1.计算方法

（1）SED＝产品每日用量×原料在产品中含量×保留系数/儿童体重×1000，其中成人体重假设为60kg。

（2）MoS＝NOAEL/SED；MOE＝ADI/SED。

2.注释

（1）氢化淀粉水解物　欧洲食品安全局（EFSA）得出结论，氢化淀粉水解产物没有安全问题（EFSA，2009）。

（2）单氟磷酸钠　根据法规（EC）No 1223/2009的附件Ⅲ，允许在口服产品中使用氟化钠和单氟磷酸钠，但有以下限制：①使用产品的最大浓度为0.15％（以F计）。与本附件允许的其他氟化合物混合时，总F浓度不得超过0.15％。②使用条件和警告的措辞如下：“含有氟化钠和单氟磷酸钠”。③按照本产品的建议用量，1~8岁儿童的可能接触氟化物量将低于EFSA可耐受上限（UL）0.1mg/（kg·d），成年人低于0.12mg/（kg·d）。

（3）甘露醇　由于其低毒性，甘露醇被允许在欧盟的化妆品中用作黏合剂、保湿剂、掩蔽剂、保湿和皮肤调理剂（指令76/768/EEC）。

（4）麦芽糖醇　根据现有数据，化妆品原料评价委员会（CIR）专家小组得出结论，麦芽糖醇在化妆品中目前使用的浓度（0.0009％~15％）是安全的。麦芽糖醇被允许用于欧盟的化妆品中作为保湿剂、掩蔽剂、保湿和皮肤调理剂（指令76/768/EEC）。

（5）碳酸氢钠　国家研究委员会（NRC，1972）的一个小组委员会估计，2岁及以上的人每日允许摄入量（ADI）为4823mg/d［83.38mg/（kg·d）］。此外，联合国粮农组织/世界卫生组织食品添加剂联合专家委员会（JECFA）对碳酸氢钠设定了“不限制”的ADI。

（6）氟化钠　根据法规（EC）No 1223/2009的附件Ⅲ，允许在口服产品中使用氟化钠，但有以下限制：①使用产品的最大浓度为0.15％（以F计）。与本附件允许的其他氟化合物混合时，总F浓度不得超过0.15％。②使用条件和警告的措辞如下：“含有氟化钠”。③按照本产品的建议用量，1~8岁儿童的可能接触氟化物量将低于EFSA可耐受上限（UL）0.1mg/（kg·d），成人低于0.12mg/（kg·d）。

（7）月桂醇　FDA通常认为在食品中使用月桂醇是安全的（GRAS）。允许将其用作直接食品添加剂。经合组织评估得出结论，月桂醇对毒性的关注度很低。

（8）氯化钠　人体每日接触其他来源的氯化钠远远超过牙膏产品中少量的氯化钠暴露。因此，其描述的使用不被认为对人类健康造成任何不可接受的风险。

（9）香精 本产品使用的香精符合现有IFRA香精安全指南和欧盟化妆品法规。香精中所有成分均列载于FEMA GRAS。

根据欧盟法规（EC）No.1223/2009的附件Ⅲ，允许在化妆品中使用这些香精成分具有以下限制：如果该物质在驻留型产品中的浓度超过0.001%，或在冲洗型产品中的浓度超过0.01%，则必须在第"19（1）（g）"条所述的成分清单中注明该物质的存在。

这些成分的含量非常低和/或成品中不含过氧化物，这都表明产品的致敏可能性很小。

四、产品中可能存在的安全性风险物质的风险评估

可能由原料带入到本产品中的安全性风险物质的识别及风险评估见表5-44。

本产品配方所使用的原料理化性质稳定，根据已知的化学相互作用，原料混合后，在生产过程中不会产生安全性风险物质；生产过程严格按照《化妆品生产许可工作规范》（2015年第265号公告）进行生产，生产过程中不产生且不带入安全性风险物质。

表5-44 产品中可能含有的安全性风险物质的识别及风险评估

序号	可能由原料带入的安全性风险物质	可能带入的原料名称	该安全性风险物质在原料中的含量	风险评估结果
1	铅	碳酸钙 山梨（糖）醇 香精 纤维素胶 单氟磷酸钠 月桂醇硫酸酯钠 糖精钠 碳酸氢钠 苯甲醇	—	成品已进行铅、砷的含量检测，检测结果均未超过GB/T 8372—2017中规定的牙膏产品中铅、砷的限值。本产品中可能含有的铅、砷不会对人体健康造成危害
2	汞			
3	砷			
4	镉			
5	二甘醇	山梨醇	≤0.1%	在本产品中可能含有的二甘醇含量为≤0.02% 应用本产品后，二甘醇的暴露量为≤0.002 29mg/（kg·d）。二甘醇的NOAEL=50mg/（kg·d），则MoS≥21 834.1，本产品中可能含有的微量二甘醇不会对人体健康造成危害

五、产品的理化稳定性评估结果

对中试产品进行了稳定性考察，试验结果表明，不同温度、冻融循环等条件下放置，产品结构、外观、颜色、气味、pH值、黏度、活性物含量等均未见明显改变。

六、产品的微生物学评估结果

经合规的第三方化妆品检测机构检验，产品的菌落总数，霉菌和酵母菌，耐热大肠菌群，铜绿假单胞菌，金黄色葡萄球菌的检测结果均符合《化妆品安全技术规范》（2015）规定的微生物学质量要求。

经本公司微生物研究中心检测，中试产品的微生物挑战试验结果符合要求。

七、产品的不良反应监测结果

无。

八、评估结论

对组成本产品的全部原料经安全性评价认为在配方中的应用是安全的；对本产品中的安全性风险物质进行了识别及风险评估，不会对人体健康造成危害；生产过程严格按照《化妆品生产许可工作规范》进行生产；产品在不同条件下的理化稳定性符合要求；产品的卫生化学指标符合法规要求。

本产品在正常、合理、可预见的使用条件下是安全的。

实例十三　儿童牙膏的风险评估

化妆品产品的安全评价报告

产品名称：XXX儿童牙膏安全评价报告

产品配方号：XXXXXXXXX

评估单位：XXXXXXXXX

评估人：XXX

评估日期：XXXX年XX月XX日

目录

一、安全评价摘要

二、产品特性描述

1.产品使用信息（表5-45）

表5-45 XXX儿童牙膏的使用信息

产品名称	XXX儿童牙膏	产品配方号	XXXXXXXXX
产品使用方法	挤取适量牙膏置于牙刷上，充分刷拭清洁牙齿，再用清水漱口。建议每天刷牙两次		
使用注意事项	六岁及以下儿童每次使用豌豆大小的牙膏，并在成人的指导下刷牙以减少吞咽。使用后如有不适，请停止使用，并咨询医生		
产品类型：牙膏类	产品应用部位：口腔	产品每日用量：0.5 g/d	保留系数：0.14

2.产品配方表（表5-46）

表5-46 XXX儿童牙膏的产品配方

序号	原料中文名称	原料英文名称	在产品中的用量（%，w/w）	在原料中的浓度（%，w/w）	使用目的
1	山梨（糖）醇	SORBITOL	75.0	50.0	保湿剂
	氢化淀粉水解物	HYDROGENATED STARCH HYDROLYSATE		13.0	
	甘露醇	MANNITOL		3.0	
	麦芽糖醇	MALTITOL		3.0	
	水	WATER		31.0	

续表

序号	原料中文名称	原料英文名称	在产品中的用量（%，w/w）	在原料中的浓度（%，w/w）	使用目的
2	二氧化硅	SILICON DIOXIDE	14	88.0	研磨剂
	硫酸钠	SODIUM SULFATE		2.0	
	水	WATER		10.0	
3	水	WATER	8.67	100.0	溶剂
4	聚乙二醇-12	PEG-12	0.5	99.5	保湿剂
	水	WATER		0.5	
5	水	WATER	0.5	1.6	起泡剂
	月桂醇硫酸酯钠	SODIUM LAURYL SULFATE		95.0	
	硫酸钠	SODIUM SULFATE		2.0	
	氯化钠	SODIUM CHLORIDE		0.6	
	月桂醇	LAURYL ALCOHOL		0.8	
6	纤维素胶	CELLULOSE GUM	0.5	99.5	增稠剂
	水	WATER		0.5	
7	香精	FLAVOR	0.3	100.0	香味剂
8	糖精钠	SODIUM SACCHARIN	0.4	100.0	甜味剂
9	氟化钠	SODIUM FLUORIDE	0.13	99.5	防龋剂
	水	WATER		0.5	

　　以上组成本产品配方的全部原料均不含有《牙膏用原料规范》（GB 22115—2008）中规定的禁用物质组分，限用组分的使用符合该规范的技术要求；所用原料均符合本公司原材料的质量标准。

三、配方中各成分的安全性评价（表5-47）

　　对×××儿童牙膏各成分进行危害识别的相关毒理学终点的情况描述（略）。

　　对牙膏成品进行安全性评估，需综合考虑化妆品安全评估报告（CPSR）中汇编的详细信息，包括每个原料的化学特性，一般毒理学特征以及配方中除水以外每个成分的未观察到有害作用剂量（NOAEL），同时还需考虑微量组分、杂质、分解产物可能与其他成分发生的相互作用，产品使用条件，消费者可能接触产品的信息，以及为每种成分计算的安全边界值（MoS），系统暴露量（SED）或相似值。MoS值应根据产品特性作调整，以反映该产品的确切使用条件。

在成分之间不存在严重相互作用的前提下，通过考虑各成分的接触安全性，可以充分确定产品的安全性。每个成分的MoS值≥100，则认为该成分为安全。

对于本评估产品，按照标签所述使用条件，所有原料的使用量均能保证最终产品的安全使用。具体而言，基于NOAEL值，所有MoS值均>100。没有NOAEL值的情况下，则使用另外一种安全性证据作评价，如使用每人每日允许摄入量（ADI）值计算暴露边际值（MOE）。具体参考表5-47下方中的相关注释。

表5-47　XXX儿童牙膏各成分的安全性评价

序号	原料中文名称	在产品中的总用量（%，w/w）	最合适的NOAEL/NOEL值（详见表5-47下面的假设和注释）	SED值[mg/（kg·d）]	MoS或MOE	《牙膏用原料规范》（GB 22115—2008）及《化妆品安全技术规范》（2015）规定的最大允许使用浓度或备注
1	山梨（糖）醇	37.5000	NOAEL=5000mg/（kg·d）（大鼠生殖研究）	1.161 504 4	4305	列载于已使用化妆品原料目录。无禁限用要求
2	水	33.3336	—	—	—	为去离子水，符合化妆品生产用水要求
3	二氧化硅	12.3200	NOAEL=2500mg/（kg·d）（用硅胶研究大鼠致癌性）	0.381 592 9	6551	列载于已使用化妆品原料目录。无禁限用要求
4	氢化淀粉水解物	9.7500	详见氢化淀粉水解物的注释	0.301 991 2	—	列载于已使用化妆品原料目录。无禁限用要求
5	甘露醇	2.2500	详见甘露醇的注释	0.069 690 3	—	列载于已使用化妆品原料目录。无禁限用要求
6	麦芽糖醇	2.2500	详见麦芽糖醇的注释	0.069 690 3	—	列载于已使用化妆品原料目录。无禁限用要求
7	纤维素胶	0.4975	NOAEL=1000mg/（kg·d）（25个月大鼠喂养研究，3代）	0.015 409 3	64 895	列载于已使用化妆品原料目录。无禁限用要求

续表

序号	原料中文名称	在产品中的总用量（%，w/w）	最合适的NOAEL/NOEL值（详见表5-47下面的假设和注释）	SED值[mg/（kg·d）]	MoS或MOE	《牙膏用原料规范》（GB 22115—2008）及《化妆品安全技术规范》（2015）规定的最大允许使用浓度或备注
8	聚乙二醇-12	0.4975	NOAEL=1000mg/（kg·d）（用聚乙二醇-8进行的2年大鼠喂养研究）	0.015 409 3	64 895	列载于已使用化妆品原料目录。无禁限用要求
9	月桂醇硫酸酯钠	0.4750	NOAEL=100mg/（kg·d）（大鼠90天口服毒性研究）	0.014 712 4	6797	列载于已使用化妆品原料目录。无禁限用要求
10	糖精钠	0.4000	NOAEL=500mg/（kg·d）（大鼠两代生殖研究）	0.012 389 4	40 357	列载于已使用化妆品原料目录。无禁限用要求
11	香精	0.3000	详见香精的注释	—	—	为日化香精，本原料中所含成分的纯度、用量均符合IFRA（国际日用香料协会）的规定
12	硫酸钠	0.2900	NOAEL=320mg/（kg·d）（大鼠44周重复剂量喂养研究）	0.008 982 3	35 626	列载于已使用化妆品原料目录。无禁限用要求
13	氟化钠	0.1294	详见氟化钠的注释	0.004 008 0	—	根据GB 22115—2008要求，牙膏中最大允许使用浓度为0.15%（以F计），当与其他允许使用的氟化物混合时，总F浓度不应超过0.15%
14	月桂醇	0.0040	详见月桂醇的注释	0.000 123 9	—	列载于已使用化妆品原料目录。无禁限用要求
15	氯化钠	0.0030	NOAEL没有确定［ADI=0.117mg/（kg·d），每位成年人］计算MOE详见氯化钠的注释	0.000 092 9	1259	列载于已使用化妆品原料目录。无禁限用要求

1.计算方法

（1）SED = 产品每日用量 × 原料在产品中含量 × 保留系数 / 儿童体重 × 1000，其中儿童体重假设为22.6kg。

（2）MoS = NOAEL/SED；MOE = ADI/SED。

2.注释

（1）氢化淀粉水解物　欧洲食品安全局（EFSA）得出结论，氢化淀粉水解产物没有安全问题（EFSA，2009）。

（2）甘露醇　由于其低毒性，甘露醇被允许在欧盟的化妆品中用作黏合剂、保湿剂、掩蔽剂、保湿和皮肤调理剂（指令76/768/EEC）。

（3）麦芽糖醇　根据现有数据，化妆品原料评价委员会（CIR）专家小组得出结论，麦芽糖醇在化妆品中目前使用的浓度（0.0009%~15%）是安全的。麦芽糖醇被允许用于欧盟的化妆品中作为保湿剂、掩蔽剂、保湿剂和皮肤调理剂（指令76/768/EEC）。

（4）氟化钠　根据法规（EC）No 1223/2009的附件Ⅲ，允许在口服产品中使用氟化钠，但有以下限制：①使用产品的最大浓度为0.15%（以F计）。与本附件允许的其他氟化合物混合时，总F浓度不得超过0.15%。②使用条件和警告的措辞如下："含有氟化钠"。③按照本产品的建议用量，1~8岁儿童的可能接触氟化物量将低于EFSA可耐受上限（UL）0.1mg/（kg·d），成年人低于0.12mg/（kg·d）。

（5）月桂醇　FDA通常认为在食品中使用月桂醇是安全的（GRAS）。允许将其用作直接食品添加剂。经合组织评估得出结论，月桂醇对毒性的关注度很低。

（6）氯化钠　人体每日接触其他来源的氯化钠远远超过牙膏产品中少量的氯化钠暴露。因此，其描述的使用不被认为对人类健康造成任何不可接受的风险。

（7）香精　本产品使用的香精符合现有IFRA香精安全指南和欧盟化妆品法规。香精中所有成分均列载于FEMA GRAS。

根据欧盟法规（EC）No.1223/2009的附件Ⅲ，允许在化妆品中使用这些香精成分具有以下限制：如果该物质在驻留型产品中的浓度超过0.001%，或在冲洗型产品中的浓度超过0.01%，则必须在第"19（1）（g）"条所述的成分清单中注明该物质的存在。

这些成分的含量非常低和/或成品中不含过氧化物，这都表明产品的致敏可能性很小。

四、产品中可能存在的安全性风险物质的风险评估

可能由原料带入到本产品中的安全性风险物质的识别及风险评估见表5-48。

本产品配方所使用的原料理化性质稳定，根据已知的化学相互作用，原料混合后，在生产过程中不会产生安全性风险物质；生产过程严格按照《化妆品生产许可工作规范》（2015年第265号公告）进行生产，生产过程中不产生且不带入安全性风险物质。

表5-48 产品中可能含有的安全性风险物质的识别及风险评估

序号	可能由原料带入的安全性风险物质	可能带入的原料名称	该安全性风险物质在原料中的含量	风险评估结果
1	铅	山梨（糖）醇 水合硅石 聚乙二醇-12 香精 纤维素胶 月桂醇硫酸酯钠 糖精钠 氟化钠	—	成品已进行铅、砷的含量检测，检测结果均未超过GB/T 8372—2017中规定的牙膏产品中铅、砷的限值。本产品中可能含有的铅、砷不会对人体健康造成危害
2	汞			
3	砷			
4	镉			
5	二甘醇	山梨（糖）醇	≤0.1%	在本产品中可能含有的二甘醇含量为≤0.075%。应用本产品后，二甘醇的暴露量为≤0.002 32mg/（kg·d）。二甘醇的NOAEL=50mg/（kg·d），则MoS≥21 551.7，本产品中可能含有的微量二甘醇不会对人体健康造成危害
6	1,4-二噁烷	聚乙二醇-12	≤10ppm	在本产品中可能含有的1,4-二噁烷含量为≤5ppm。应用本产品后，1,4-二噁烷的暴露量为≤0.000 035mg/（kg·d）。1,4-二噁烷的NOAEL=10mg/（kg·d），则MoS≥285 714，本产品中可能含有的微量1,4-二噁烷不会对人体健康造成危害

五、产品的理化稳定性评估结果

对中试产品进行了稳定性考察，试验结果表明，不同温度、冻融循环等条件下放置，产品结构、外观、颜色、气味、pH值、黏度、活性物含量等均未见明显改变。

六、产品的微生物学评估结果

经合规的第三方化妆品检测机构检验，产品的菌落总数，霉菌和酵母菌，耐热大肠菌群，铜绿假单胞菌，金黄色葡萄球菌的检测结果均符合《化妆品安全技术规范》（2015）规定的微生物学质量要求。

经本公司微生物研究中心检测，中试产品的微生物挑战试验结果符合要求。

七、产品的不良反应监测结果

无。

八、评估结论

对组成本产品的全部原料经安全性评价认为在配方中的应用是安全的；对本产品中的安全性风险物质进行了识别及风险评估，不会对人体健康造成危害；生产过程严格按照《化妆品生产许可工作规范》进行生产；产品在不同条件下的理化稳定性符合要求；产品的卫生化学指标符合法规要求。

本产品在正常、合理、可预见的使用条件下是安全的。

索引 重要缩写中英文对照

英文缩写	英文全称	中文名称
MoS	Margin of Safety	安全边界值
BraCVAM	The Brazilian Center for Validation of Alternative Methods	巴西替代方法验证中心
RfD	Reference Dose	参考剂量
PIF	Product Information File	产品信息档案
QRA	Quantitative Risk Assessment	定量风险评估
QSAR	Quantitative Structure–Activity Relationship	定量构效关系
TTC	Thresholds of Toxicological Concern	毒理学关注阈值
SOT	The Society of Toxicology	毒理学会
LOAEL	Lowest Observe Adverse Effect Level	观察到有害作用的最低剂量
IARC	International Agency for Research on Cancer	国际癌症研究机构
IPCS	International Program on Chemical Safety	国际化学品安全规划处
ICCR	International Cooperation on Cosmetics Regulation	国际化妆品监管合作组织
IFRA	The International Fragrance Association	国际日用香料协会
KoCVAM	The Korean Center for the Validation of Alternative Methods	韩国替代方法验证中心
CPSR	Cosmetic Product Safety Report	化妆品安全评估报告
CIR	Cosmetic Ingredient Review	化妆品原料评价委员会
BMD	Benchmark Dose	基准剂量
3R	Reduction、Refinement、Replacement	减少、优化和替代
OECD	Organization for Economic Cooperation and Development	经济合作与发展组织，简称"经合组织"
FAO	Food and Agriculture Organization	联合国粮农组织
GMP	Good Manufacturing Practice	良好生产规范
ADI	Acceptable Daily Intake	每日允许摄入量
PCPC	Personal Care Products Council	美国个人护理产品协会
NTP	National Toxicology Program	美国国家毒理计划
EPA	Environmental Protection Agency	美国环境保护署
ICCVAM	Interagency Coordinating Committee on the Validation of Alternative Methods	美国机构间替代方法评价协调委员会
FDA	Food and Drug Administration	美国食品药品管理局

续表

英文缩写	英文全称	中文名称
JRC	Joint Research Centre	欧盟联合验证中心
SCCS	Scientific Committee on Consumer Safety	欧盟消费者安全科学委员会
EMA	European Medicines Agency	欧盟药物管理局
EURL–ECVAM	European Union Reference Laboratory for Alternatives to Animal Testing	欧洲替代动物方法核心实验室
JCIA	Japan Cosmetic Industry Association	日本化妆品工业联合会
JaCVAM	Japanese Center for the Validation of Alternative Methods	日本替代方法验证中心
TDI	Tolerable Daily Intake	日耐受剂量
VSD	Virtual Safety Dose	实际安全剂量
ICATM	International Cooperation on Alternative Test Methods	替代方法国际合作协议
NOAEL	No Observe Adverse Effect Level	未观察到有害作用剂量
ADME	Absorption，Distribution，Metabolism，Elimination	吸收、分布、代谢和排泄
SED	Systemic Exposure Dose	系统暴露量
AOP	Adverse Outcome Pathway	有害结局路径
WoE	Weight of Evidence	证据权重
CMR	Carcinogenic，Mutagenic，Toxic to Reproduction	致癌、致突变、有生殖毒性